醇な酒のたのしみ

古山勝康

はじめに

食養（食物と飲料の秩序）あるいは「温冷効果（筆者造語）」など、ふだんあまりお聞きになることのないコトバに興味をもたれて、これからこの本をよんでくださる皆さんとは、なにがキッカケ、なにがご縁となったでしょう？

これから「食べるもの・飲むもの（人間）と食べられるもの・飲まれるもの（食物）」、云いかたをかえれば、「摂る側ととられるがわの関係」のはなしを始めます。

さて、皆さんが毎日、ふだん口になさっている食物、飲料などの、科学的な成分や構成要素、あるいは栄養学的なしくみについては、現代の科学によってずいぶんと細かいところまで解明されています。どうようにそれを摂りいれる人体の側についても、「みえるところ」や「計測できる部分」に関しては驚くほど解明がすすんでおります。

しかし、物質文明の西洋科学、サイエンスの宿命とでももうしましょうか、こう決めつけてしまうのは少少酷ですが、「みえないモノ」に対してはどうも苦手のようなのです。云ってみればカンジンの人間を頂点とした生物の「生命」や「生命力」、ことに「生命の意思」といったモノについては、いまだ科学ではソノ謎を解くことができずにいます。

ところがこの西洋と対蹠的な精神文明のくに東洋では、四千年も六千年ものむかしに、西洋の科学とは方法論（パラダイム[※1]とシンタックス[※2]）こそ異なりますが[※3]、もうすでに非常なる高みに到達していたのでした。

それはどういうコトかともうしますと、すなわち、人間のみならず、すべての生命や宇宙のなりたち、運行についてすら、相対抗しつつ、かつ相補い、相引き合うふたつのチカラ、正反対の性質をもちながら、それゆえにこそ「結び合う」二力に依るものであるという直観に達していたのです。

もっとも、この「ふたつの力」については、とうぜん、西洋の人びとも気がついてはおりました。科学的に云えば＋（東洋ではイミジクモそれを「陽極」と名づく）と－（陰極）、あるいは陽原子核と陰電子などなど……。

だがザンネンなことに、しかしそれが科学のもつ慎重さなのでしょうが、この二力の使用は限定され、東洋の民にみるような自由自在性、そのあい反し、なおかつあい補いあうこの二力の性質やチカラを、あらゆる存在に対し、めに見ゆるモノにもめにみえないものにも、広くかつ深くつかいこなすまでには至りませんでした。

ところがここで西洋（陽の文明）と東洋（陰の文明）の結婚（まあ、いまはまだ婚約時代か？）ともいうべきものが起こったのです。それというのも、最新の現代物理学の世界で、あろうことか、従来のニュートン物理学やアインシュタイン物理は云わずもがな、ハドロンやクオークの世界にすら限界と行き詰りをかんじはじめた少数の物理学者（古くはニールス・ボーアから最近のフリチョフ・カプラたちまで）が、古来中国では「イン・ヤン」、わが国で「メ・オ」（あるいは「ア・ワ」）などと呼び慣わしてきた、この東洋の古色蒼然とした「二力」に助けを求めはじめたのです。

ここでは科学的なモノの見方に慣れた現代のヒトのために、明治の時代より今日まで、石塚左玄、桜沢如一、沼田勇、森下敬一氏ら先達によって再構築された新しいこの二力（陰陽）の見方、立場からおはなししたいとかんがえています。

なお、陰陽原理とその応用である食養、またその一分枝である温冷効果などに不案内のかたがおおかろうと推察されますが、そのような皆さんはぜひ巻末の「食養原理入門」からよみはじめられることをお勧めします。なんと云っても食養という生活原理は、ケの日の大事を尊重してきた生活法なのですから。そしてあらためてもうすまでもなく、飲酒とはハレの日のタノシミとして存在するモノでありましょうから……。

※1　パラダイム＝範例。物事を判断したり行動したりする時の基準や規則、規範。
※2　シンタックス＝統語法。文章の組み立て方。文章構成法。
※3　西洋と東洋のパラダイムとシンタックスのちがい。
パラダイム＝論理《ロゴス》と言語・二元論（西洋）ＶＳ直感と実感・一元論（東洋）
シンタックス＝帰納法（西洋）ＶＳ演繹法（東洋）

●この著の文中で使用する略号について

▽……陰性（飲食物に限ればその性質・作用は細胞を緩《ゆる》めたり、身体を冷やす「冷効果」）。
△……陽性（飲食物の身体に与える影響は▽と正反対に細胞を縮めたり、身体を温める「温効果」の作用）
▼……陰性（冷効果）の性質の極めて強いモノ。極まったモノ。極陰性。
▲……陽性（温効果）の性質の極めて強いモノ。極まったモノ。極陽性。
✡……陰陽度の接近したモノ。冷と温の作用（温冷効果）の強さが中庸に近いモノ。

第二部　ワイン編

第一部　日本酒編

序　章　淡麗辛口と体力低下

「人間文化とその幸福という点からいって、喫煙、飲酒、茶の発明より重要な発明は、人類史上かつてなかったと私は思う」（林語堂《リンユータン》※1・『生活の発見』）

はじめにおことわりしておきたいことは、ときとしてたのしむモノとしての酒や莨《たばこ》（良い草とかく）など、その本質をただしくしって、そのつかいかたさえまちがわなければ、日常生活に使用してなんらさしつかえのないものです。

それどころか、つかいかたに依っては益のおおいことをしるべきでしょう。所謂〝百害あって一利なし〟とは、〝表裏の法則〟からいっても論理矛盾はなはだしく、世に害あって益なきもの、また逆に益あって害なきものなどありえません。害おおきければ比例してその益おおく、またその反対もただしいのです。

昨今の生命力のまったく衰えた、一見害ばかりにみえる食品の氾濫も、ひろい視野にたった大自然（宇宙）の運行の秩序からみれば、つらい云いかたになりますが、これもひとつの大慈悲とみることができましょう。

それよりも、ときとしてたのしむハレ[※2]の飲（喫《の》）みものとしての酒や莨を、たのしいアソビと見做せるような健康なくしてなんとしましょう。モノの本質（タバコやサケの本質）のただしい理解と、〝量は質を殺す〟という原則を日常生活に生かすことからはじめるべきです。

「寒暑人を破らず、不修人を破り道を破る」（寒暑・外因、不修・内因、これは内因一元をいう）と古人はいみじくも道破くださっております。喰うもオノレ喰わぬもオノレ、食いものに善悪はない。なんという洞察力のただしさでしょう。

ただし、「うまいものは喰いたい、しかし病気は医者が治す」（外因一元）と五陰盛苦《ごおんじょうく》に墜ちたたいはんの現代人にとっては、ザンネンながらサケもタバコもけして益にはならんでしょう。

●〝醇な酒〟の復権

おいしい酒の案内を期待なさったムキには、つらいかきだしになってしまいました。〝お薦めする銘酒何撰〟式の記事は巷に溢れております。これからの各章のなかでは〝蔵繞《めぐ》り〟や具体的な酒銘のでることもありましょう。しかし、その趣意するところは、食物のなかで酒（や莨）のおかれた立場のただしい理解と、不当なまでに少数派になってしまった〝醇な酒〟の復権なのです。そういった風潮にたいするカウンターバランスとお受けとめねがえれば倖いです。

さて、醇な酒のおはなしをするにあたって、現在の状況をみわたしてみますと、これはもう、圧倒的に〝淡麗辛口〟。世界的にみてもますます〝ライト・アンド・ドライ〟一辺倒にすすみつつあるのは申すまでもありません。

古来、東洋では中国でも日本でも、濃味よりも淡味が尊ばれてきました。古典的なフランス料理をみてもお判りのように、濃味はほんらい西洋のお家芸といってもよろしいでしょう。それは身土不二※3的にみれば一目瞭然、寒冷・肉食のヨーロッパと温暖・植物食の東アジアなのです（広大な国土をもつ中国は、この点複雑なモノがありますが）。

むろん、およばずながら、ここで禅家の淡味、あるいは洪自誠の『菜根譚《さいこんたん》』などのあることを認めるに吝かではないつもりです。

日本曹洞宗開祖、道元禅師の『典座教訓《てんぞきょうくん》』には「放心すべからずんば、自然《じねん》に三徳円満し、六味倶《とも》に備わらん」とあります。このうち禅家の云う六味とは〝辛、酸、甘、鹹《かん》、苦、淡（渋ではありませんヨ）〟。ちなみに三徳とは〝軽輭《きょうなん》〟（あっさりとしてやわらか）、〝浄潔〟（穢れなく清潔）、〝如法〟（理《ことわり》に随って作られている）を云うとあります。いずれにせよ濃より淡でありましょう。

また菜根譚にいわく、「醲肥辛甘《じょうひしんかん》は真味にあらず。真味は只《た》だ是れ淡なり」と。

ここで明のひと洪自誠は濃い酒、しつこい食物、辛すぎ甘すぎを誡めております。醇《じゅん》も濃い酒の意にて、〝醇醲《じゅんじょう》〟（濃くて旨い酒）ということばがあります。

つづいてこんな一節もみつけました。「悠長の趣は醲釅《じょうげん》に得ず、固《まこと》に知る、濃処の味は常に短く、淡中の趣は独《ひと》り真なるを」云々。ゆったりと落ち着いた味わいは濃味の旨《うま》酒からは得られない。濃味は長くはつづかず、淡中のおもむきこそ真なのであろうと。

こんなことは東洋に生を享《う》けたものなら、だれにでも判るコトなのでしょうが、それなら、いま、

なぜ淡味の酒ではなくして、醇なる酒、濃味な酒、味のある酒について語ろうとしているのでしょうか⁉

それはひとことで云えば〝中庸〟であります。この東洋独有のこころのうごきは、振子の振れすぎを怕《おそ》れる心理なのです。先にカウンターバランスのためにとかきましたが、それはまさに、このコトを云わんとしたのです。「趣味は沖淡《ちゅうたん》を要して、而《しか》も偏枯《へんこ》なるべからず」『菜根譚』（その好みは淡とはいえ偏《かたよ》ってはいけない。両の極端なるべからず、と）。

●白色革命の示唆するモノ

四十年いぜんのむかし、ボストンやニューヨークといった米国の大都会で〝ホワイト・レボリューション（白色革命）〟なるものが興ります。頭脳労働者を中心として、重い、味のある酒からの離脱がはじまったのです。具体的には古典的スタイルのウイスキーやブランディーから、無色透明、無味無臭のスピリッツであるジンやウォッカに鞍替えしたことを指しますが、ときは奇しくもかの〝マクガバン・レポート[※4]〟のころなのでありました。示唆するものの大なるをしります。

昨今の酒は淡麗辛口、世界的にはライト・アンド・ドライ。ついでに申せば莨はライト・アンド・マイルド、食は減塩減糖。（玄米より白米……笑）

これすべて旨みより軽《かろ》ろみなのです。都会に棲む人びとを中心とした、人類全般の急速な体力低下、というより生命力の減衰と観るのは杞憂というものでしょうか。甘くないケーキ（なんと‼）しか喰えない人びと。気力、意志力を殺《そ》がれた大量の塩抜け人間の群れ。（とどうじに邪塩による判断力

の錯《あやま》ち……これを所謂の〝将錯就錯《しょうさくじゅさく》〟※5という）

醇という字には濃味（の酒）という意とおなじくして、ゆったりと熟成した（酒）、まぢりけのない、純粋な（酒）の解もあります。

これから酒の本質（アルコール飲料の陰陽・〝温冷効果〟）をはじめとして、季節に添う酒、海の酒・山の酒（酒の身土不二）、酒と酒菜、燗のはなし、飲酒の気分について、醇な酒を造る蔵元とその造り酒などにふれつつ、芳醇にして醇味ある醇朴なお酒の旅のつづけられることを希がって筆をすすめてまいりましょう。

※1　林語堂＝（一八九五～一九七六）中華民国の文学者・言語学者・評論家。
※2　ハレ（霽・はれ）の日＝特別の日、改まった日。⇔ケ（褻・け）＝常日頃、日常茶飯。
※3　身土不二＝土地と身体は二つならず。食物についていえばその棲む土地の旬の産物を摂るのが安泰。
※4　マクガバン・レポート＝一九七五年に出されたアメリカの食事改善目標。
※5　将錯就錯＝将《まさ》に錯《あやま》ちをもって錯ちに就《つ》く。過ちの上に過ちを重ねる。

第一章　「自然舞」という酒を造るお蔵のはなし

『米の酒はおいしい』（オレンジページ刊）という本のなかの巻首、つぎの一節を憶いだされるかたはおられるでしょうか。

「現在の主流である人工乳酸添加の速醸系酒母《そくじょうけいしゅぼ》とちがい、天然の乳酸菌の生みだす乳酸を活用する生酛《きもと》系酒母は、乳酸利用の本来の目的である雑菌の除去とどうじに、豊かな醇味と複雑な酸味を

・・・造り酒に與える。

自然に乳酸菌の繁殖をまつ一般の生酛造りではなく、酒母（酛）のなかで繁殖する二種類の乳酸菌（ロイコノストック・メゼンテロイデスとラクトバチルス・サケの二種。前者は球菌、後者は桿菌《かんきん》。この桿球二菌の活躍の序列を陰陽で解くのもオモシロイ）を純粋培養して添加するという、日本唯一の方法を採る千葉県の蔵元〝木戸泉〟の造り酒にその典型のひとつをみる」云々。

本文ではなく欄外の注からとったとはいえ、専門用語の散見する読み難い文章ですが、この外房大原町在の木戸泉の蔵元こそ、表題の〝自然舞〟という名の自然酒を造る蔵元なのです。

ここではおもに自然舞を造る酒米としての自然米について、そして醇な酒をかたるにかかせない、

このお蔵独有の酛造りとその結果としての酸のはなしを中心に据えて、ソムリエスクールの生徒を連れての冬の定番、蔵元研修の際のエピソードなどをまじえつつすすめていくことにしましょう。

●乳酸は醇味のモト

酒（アルコール飲料）の陰陽やその食養的解釈については、第二章でかくことにしますが、先の『米の酒はおいしい』でふれた酒母（酛）由来の酸（有機酸）の種類とその多寡は、なかでも酒の味香を決定する最有力な要因のひとつでありましょう。

ちなみに、少少専門的になってもうしわけありませんが、清酒を構成する有機酸の三本柱はコハク酸、乳酸、リンゴ酸で、使用される酒母が速醸系か生酛系かで若干ちがってくるにしても、そのおおまかな構成比は四～五対一～一・五対三くらいが一般的なのです。

ところが木戸泉さんの代表的純米酒〝醍醐《だいご》〟を分析したある分析値に依ると、その構成比はなんと約一対一対一になり、その乳酸の含有量のおおさにめを瞠ります。

この日本唯一ともいえる乳酸菌醸造法（正確には〝乳酸菌添加に依る高温糖化山廃酛《こうおんとうかやまはいもと》〟）の考案開発者（昭和三二年のこと）でもあり、永く木戸泉の蔵の技術顧問をつづけられた大蔵省技師、故古川董《ただす》さんは、このお蔵の造り酒を評して「ふつう、日本酒の味の主体は琥珀酸の味なんですが、木戸泉の酒は乳酸の味が主体になっています」と云っておられます。

ごぞんじのかたもおられるでしょうが、コハク酸は貝類の旨み成分ともなっており、これが清酒特有の旨みを呈することになるわけです。また乳酸は冷やしすぎなければ、乳酸特有のやわらかなふく

独自の酛造りを指導する秋場雄豪杜氏。慣れない手捌きのスクール生徒も、そのなめらかな酛の味の旨さにおどろく。P20の槽口（ふなくち）の写真とともに写真ではその味を伝えられない。

らみと醇味と極味《ごくみ》（コク）を造り酒に與え、これにたいしリンゴ酸は冷やすことによって、そのもち味である爽やかな酸味が引き立つようになります。

　このことは藤原正雄・渡辺正澄両氏[※1]の提唱する、ゆうめいな温旨酸系・冷旨酸系[※2]のかんがえ方にも添うものであり、通常あまり冷やさないで飲用する赤ワインの主力の酸が乳酸であり、冷やしておいしい白ワイン特有の酸がリンゴ酸であることからも頷けましょう（葡萄果実中の主体酸である酒石酸はワインになると一般的には減少する）。また詳しくは後述の場を俟ちますが、冷効果（陰性）を本質的にもつ酸のうち、酒類に含有される有機酸をとってみても、乳酸、コハク酸、グルコン酸のように比較的冷効果のよわい陽寄りの酸もあれば、リンゴ酸、酢酸、クエン酸のように陰寄りの冷効果のつよい酸もあることをつけ加えておきます。はなしがややこしくなってきました。

　上に掲載した酛タンクの写真をご覧ください。この小ぶりのタンクのなかみこそ、よくできたヨーグルトにも勝る酸味、甘味、旨味が混然一体となった酛（酒母）。ほんとうにことばどおりの木戸泉さんのすべての造り酒のモトなのです。

種麹（たねこうじ）を振る五十嵐照夫さん。勤続四十七年、己が酒造りを慈しむこの眼光をみよ。

さて、このような特徴ある木戸泉の造り酒について、あらためて八つのポイントにしてここで纏めてみましょう。

◎「木戸泉」の出来酒八つのポイント◎

1・吟醸酒を一滴も造っていない。

2・蔵の出来酒の全量を〝高温糖化山廃酛〟で造る。

3・高精白米はつかわず、すべて60％以上の低精白米で仕込む。

4・酒造工程、作業に無理、不自然な操作をしない自然醸造。

5・自然米（後項参照）使用の酒がある。

6・九州大分の「西の関」、京都伏見の「月の桂」とならびわが国の古酒の三大源流である。

7・この蔵の酛造りの利点を最大限生かした〝A《ア》F《フ》S《ス》〟という濃醇多酸酒の存在。

8・サリチル酸の早期全廃、また人工乳酸などの化学物質の完全無添加。

●「自然酒」と「自然米」

おわりに、ここですでに述べた特殊の酒母とともに、どうしても

わが酒を愛でる荘司蔵元と秋場杜氏。醇な酒は燗酒がうまい！

語らなければならない「自然酒」と「自然米」について、すこしふれてみることにします。

いぜん「動物性有機肥料の危険度がもんだいになっている昨今、昭和四二年ごろに遡るこの自然米採用という着目は、時代を遥かに先取りした大英断といえるのではなかろうか云々」とかいたことがあります。そこで云う〝自然米〟とは、そもそもMOA[※3]の祖、岡田茂吉師[※4]の発想に依るものだったそうです。

師は土には土本来の力というものがあり、その力を最大限に生かすことこそ、かんがえねばならぬスベテである。そのためには所謂化学肥料や人工農薬はむろんのこと、不浄のモノ（動物有機）を断ち、それのみならず、今様に申せば過剰のアンモニア態窒素や硝酸態窒素のモトとなりかねない（むろん動物性にくらべれば僅少とはいえ）植物有機すら避けたのです。鋤《す》き込むものは切り刻んだ稲藁のみ。無肥料栽培といってもよいものでした。

やることといえば深耕すること。化学物質で痛めつけられた田（や畑）ほど深部に石のように硬い層をつくり、地力を著しくおとします。それを深耕することによって太陽の恵みを最大限に受けさせます。そうすることで土壌は徐徐にほんらいの地力をとり戻すのです。汚染のていどによっては数年の努力を要することもマレではないようです。

槽口に満ちる自然酒。搾りたての醇酒はうつくしい山吹色。カラーでお見せできないのが残念。

こうして、ふんわりとやわらかく、適度な湿り気をもった温かな土（田圃）から穫れた自然農法米が、木戸泉流の自然醸法に依って酒になる。ここでその自然醸法について技術的な細部にふれることは避けますが、この自然米について荘司文雄蔵元は「一般の米（化学肥料使用米のみならず、所謂有機米も含めて）との保存性の差は歴然としています。そして一般の米は腐敗するというコトバどおりの腐りかたをしますが、自然農法米はおなじダメになるのでも、しぜんに枯れていくような変化をしていきます」とおっしゃいます。

これが本来の生命力溢れた米というものでしょう。こんな米から造った酒の味を想像してみてください。戦後おそくまでつかわれた防腐剤サリチル酸を、全国のおおくの蔵元に先駆けて全廃し、人工乳酸などの化学薬物を廃したお蔵の酒造りは、そのしっかりした米の酒の旨さとともに、とてもしぜんな酔い心地、酔い醒めなのです。いくら飲んでも頭痛や体調不良とは無縁の酒。いやいや、こうまで云うと半分はウソになります。やはり〝量は質を殺す〟という真理を、つくづく体験したことでありました。

※1　藤原正雄、渡辺正澄＝㈱ワイン総合研究所
※2　温旨酸系・冷旨酸系＝『ワインと料理の相性診断』等の文献より
※3　ＭＯＡ＝MOKICHI OKADA ASOCIATION
※4　岡田茂吉＝（一八八二～一九五五）世界救世教の創始者であり自然農法の創始者。

第二章　酒の陰陽・その食養的解釈について

●有機酸の影響について

前章では木戸泉の造り酒にふれつつ、その含有する有機酸の多寡が、いかようにその造り酒の味香に影響を及ぼすかについてかいてみました。

それら醸造酒（かもし酒）の保有する酸は、酒の味香を決定する最有力な要因のひとつであるとともに、酒（アルコール飲料）の性（本質）を決するうえでも、また欠くべからざるファクターなのです。これから、その酸をはじめいくつかのファクターを挙げて、酒を食養的にみたときのその性如何をかんがえてみることにいたしましょう。

さて、醸造酒にせよ蒸溜酒（スピリッツ）にせよ、その性陰なるや陽なるや？

いまこれをお読みになっているみなさんのなかには、桜沢如一[※1]の無双原理[※2]を勉強なさっているかたもおられるでしょう。そういったかたは即座に「酒は陰性」とお答えになるでしょうね。しかしほんとうにそうでしょうか？　またそうであるなら、その理由《わけ》や如何？

食養をべんきょうなさったかたはなんの疑いもなくテンから酒や香辛料を陰と決めておられます

が、NHKの薬膳料理の先生は「ショウガは身体を温める（陽性）」と申しております。

中医学も酒は温、漢方（和方）でも酒は温としています。わが朝の貝原益軒先生も『養生訓』のなかで「凡《およ》そ酒をのむは、その温気《うんき》をかりて、陽気《ようき》を助け云々」また「茶は冷也。酒は温也。酒は気をのぼせ、茶は気を下す。其の性うらおもて也」と申されております。酒を飲めば（お燗酒でも召しあがれ）身体温まるは周知の事実。世間ではよもや酒の性陰（冷）なり、とは申さんでしょう。このパラドックスをどう解きますか⁉

そこで、一見逆説的にみえるこの二作用も、無限（神）の左右の手、左（陰）と右（陽）の相補《そうほ》のなせるワザ、あるいは桜沢如一の『イワナとキノコ』にみるような〝みかけと内実〟〝現象と機能〟であるか、とかんがえるに至ります。それをもっとやさしく云えば〝みかけ〟の現象を短期的、即効的見地とし、〝内実〟の機能（本質）を長期的、習慣的、本質的見地とするものです。

この見地からすれば、もうお判りのように、薬膳の先生や中医学あるいは漢方は前者の立場であり、本質をみる食養の立脚する処は後者ということになりましょう。これは〝ダイムスパン（時間的経過）〟の問題であります。附け加えるならば、〝量は質を殺す〟また〝大量の陰、少量の陽〟という理《ことわり》はここでもまたその光を増すでありましょう。

●醗酵とは

ここで酒の陰陽をかんがえるにあたって、すこし遠回りになりますが、酒もふくめた〝醗酵〟とはなにかにふれてみましょう。

保存・防腐が同性間の排斥（同性は反発する）に依って現状を保つ〝不変化〟（酢飯・塩漬肉をみよ）であるのとは正反対に、腐敗・醗酵とは異性間の牽引（異性は互いに引き合う）に依る〝変化〟（塩握り飯・酢漬肉をみよ）であります。

この点、〝消化〟も同様の原理に依る〝変化〟であるといえましょう。（この変化・不変化については〝相補〟とはなにかをよく考察すべし。またこれについては第四章「調和型と相補型の提唱」により詳しい）。

このように醗酵とは〝変化〟であるゆえに（腐敗と同様、微生物に依る有機物の分解）、麹をつかった糖化醗酵も酵母のおこなうアルコール醗酵も、見方によればともに一種の腐敗なのであり、人間にとって有益なる腐敗を醗酵とよぶにすぎないのであります。これすべて人間様のご都合、そうよばれるバクテリアたちこそいい面の皮ですね（醗酵にかんしては第二部ワイン編第二章も参照のこと）。

●なぜ酒の性は陰なのか？

それでは酒の性が陰なるコトワリとはなにか？

それはアルコール醗酵が必然的に伴うところの〝膨張性〟〝揮発性〟〝拡散性〟（いずれも陰）に依ることは一目瞭然。なかでも生成物エチルアルコールの陰性が第一要因《ファクター》でありましょう。また香気成分もアルコール同様の揮発性、拡散性を有します。

そして清酒は麹の糖化酵素《アミラーゼ》に依る糖化醗酵と酵母に依るアルコール醗酵が醪《もろみ》のなかで同時発生的におこなわれるのを最大の特徴とします。

この世界ぢゅうの多数の醸造酒にはほとんどみられない（とはいえ東アジアの酒造りには時としてみ

られる）醗酵形式を〝併行複醗酵〟とよび、酒母《しゅぼ》（酛《もと》ともよび、これも一種の小規模の醪といえる）とともに清酒のもつ複雑微妙なもち味と高アルコール化の秘密といえます。この麹の糖化醗酵もまた陰性のファクターのひとつとかんがえております。その事実は麹味噌の陰性、豆味噌の陽性をみても判ります。余談ですが、長期間の熟成のけっか（時間の陽、積算温度の陽）、大豆のもつ陰性の植物性蛋白質と植物性脂肪の〝冷効果〟がよわまり、塩のよく熟《な》れた〝温効果〟（陽性）の食品に変化していくことを〝アニマライズ（動物性食品化）〟とよんでおります。

●酒のもつ温冷メカニズム

ではなぜそのような陰性（冷効果）を本質にもつ酒（アルコール飲料）や生姜《しょうが》がときに身体を温め、また逆に冷やすのでしょう。

ご案内のように、陰性には拡散の性とともに、弛緩・膨張（拡張）の性、浸透の性をもち、これが体細胞を緩め、血管を拡げます。加えてエチルアルコール（陰）は燃えやすく（石油（陰）産物のナイロンの極度の可燃性をみよ）高カロリー（アルコール度数に比例す）であるがゆえに、拡がった血管をすばやく繞《めぐ》り、すぐにからだ中がポカポカしてくるのがわかります。しかし燃えやすいものは、また燃え尽きるのも早く（高アルコール度の蒸溜酒をみよ。これは糖類のうち単糖類、二糖類に於いても然り。甘味飲料水の急激なる血糖値の上下変動をみよ）、その燃焼後に於いては拡張した体細胞から逃げた熱総量はエチルアルコール燃焼に依るもののほかに、がんらい保有する己が体温体熱も加わり、その損失は甚大なものとなり、けっか飲酒前いじょうに身体は冷えてしまうことになります。風呂上りの湯冷《ゆざ》めを想像してください。しかし、〝斗酒《としゅ》なほ辞せず〟が死語になって久しい昨今、大酒後の身の打ち震えるような寒さをしるひとも尠《すく》ないことでしょう。

そして大量の飲酒は長期的・習慣的・本質的には体細胞の弛緩を招き、冷えっぽい陰性体質につながることになりましょう。これが〝タイムスパンの問題〟であります。

酒は百薬の長であるとともに命を削るカンナでもあります。〝量は質を殺す〟。かの益軒先生もこう申しておられます。「醇酒の美なるを朝夕飯後に少し飲みて微酔すべし」と。

やはり醇酒《よきさけ》はよき友ですね。

※1　桜沢如一＝（一八九三〜一九六六）思想家。食文化研究家。マクロビオティックの提唱者。

※2　無双原理＝「宇宙を統べるただひとつの原理」という意味。

アルコール飲料の陰陽（温冷効果）表

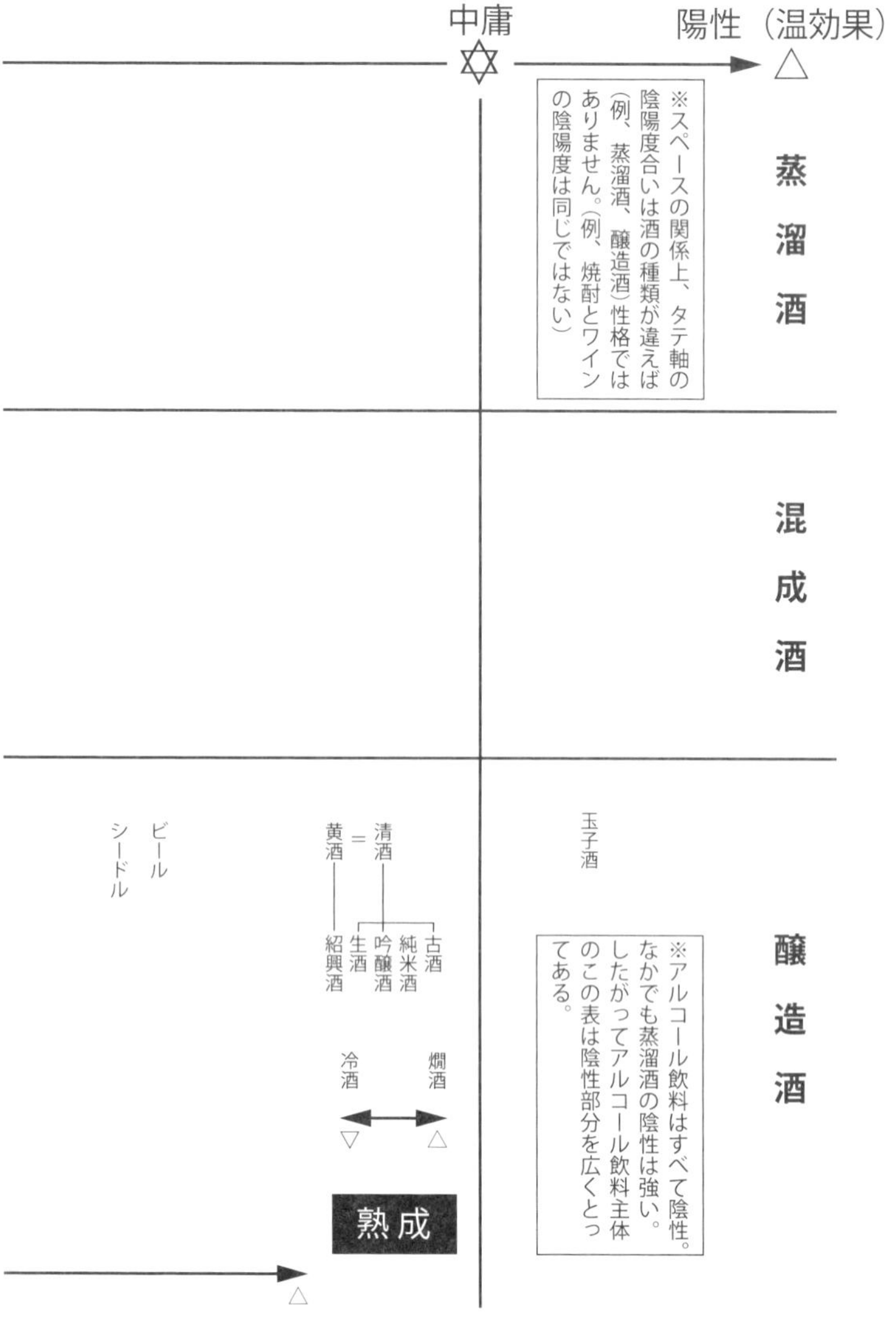
中庸
陽性（温効果）
蒸溜酒
※スペースの関係上、タテ軸の陰陽度合いは酒の種類が違えば（例、蒸溜酒、醸造酒）性格ではありません。（例、焼酎とワインの陰陽度は同じではない）
混成酒
醸造酒
ビール
シードル
清酒＝黄酒
古酒
純米酒
吟醸酒
生酒
紹興酒
玉子酒
燗酒
冷酒
熟成
※アルコール飲料はすべて陰性。なかでも蒸溜酒の陰性は強い。したがってアルコール飲料主体のこの表は陰性部分を広くとってある。

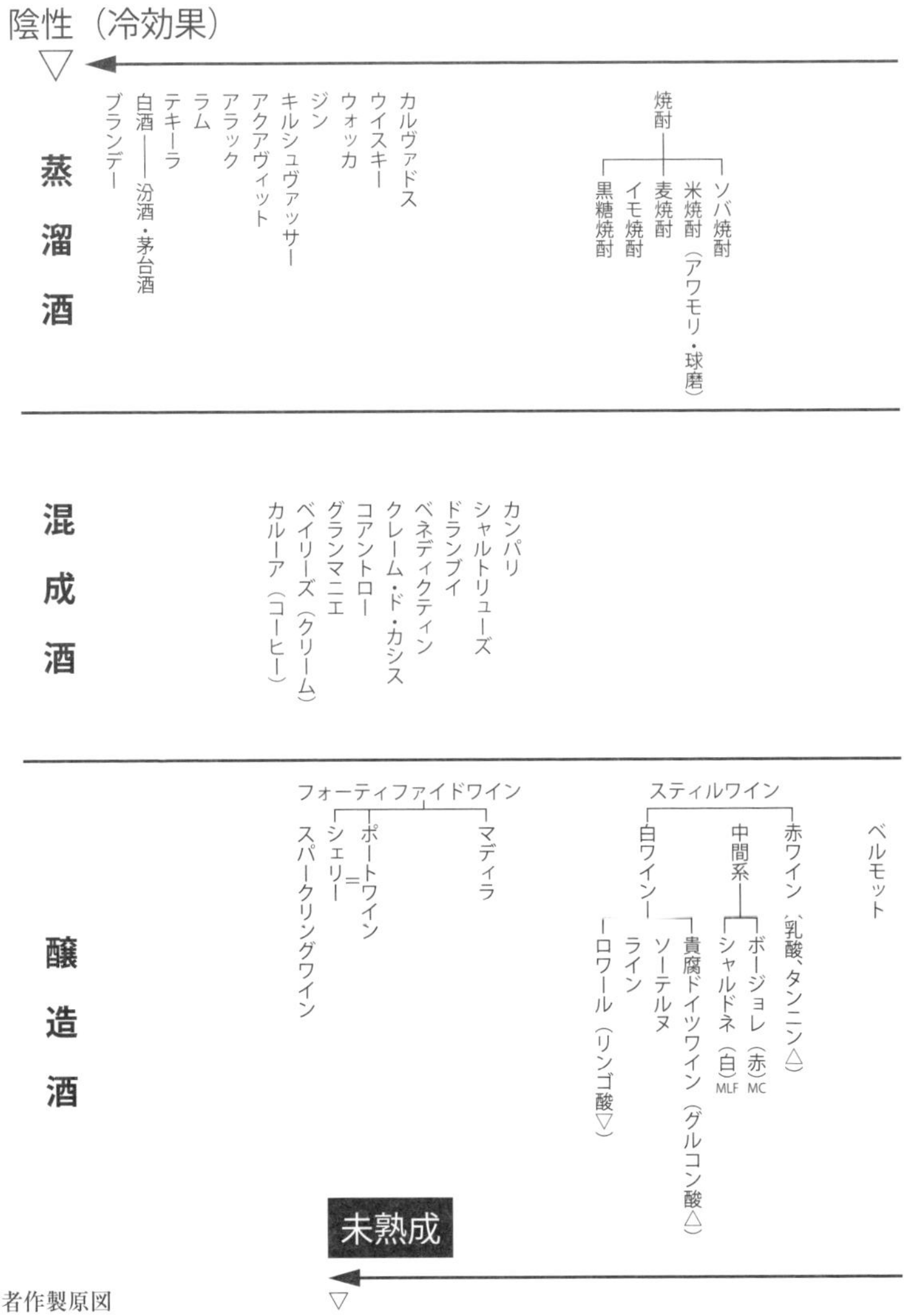
陰性（冷効果）
▽
蒸溜酒
カルヴァドス
ウイスキー
ウォッカ
ジン
キルシュヴァッサー
アクアヴィット
アラック
ラム
テキーラ
白酒——汾酒・茅台酒
ブランデー
焼酎
ソバ焼酎
米焼酎（アワモリ・球磨）
麦焼酎
イモ焼酎
黒糖焼酎
混成酒
カンパリ
シャルトリューズ
ドランブイ
ベネディクティン
クレーム・ド・カシス
コアントロー
グランマニエ
ベイリーズ（クリーム）
カルーア（コーヒー）
醸造酒
ベルモット
スティルワイン
赤ワイン（乳酸、タンニン△）
中間系
ボージョレ（赤）MC
シャルドネ（白）MLF
白ワイン
貴腐ドイツワイン（グルコン酸△）
ソーテルヌ
ライン
ロワール（リンゴ酸▽）
フォーティファイドワイン
マディラ
ポートワイン
シェリー
スパークリングワイン
未熟成
▽

著者作製原図

お茶・清涼飲料の温冷効果（陰陽）表

中庸 ☆ → 陽性（温効果）△

チョウセンニンジン茶▲

タンポポコーヒー▲

三年晩茶（煮出し茶）

三年晩茶（淹し茶）

焙じ晩茶（茎）

釜炒製煎茶

ウーロン茶

麦茶

紅茶

→ △

水成岩・石灰岩土壌
カルシウム（Ca）・▽
（K より△）

→ △

硬度たかい（硬水）
Ca、Mg などおおい（ヨーロッパ）

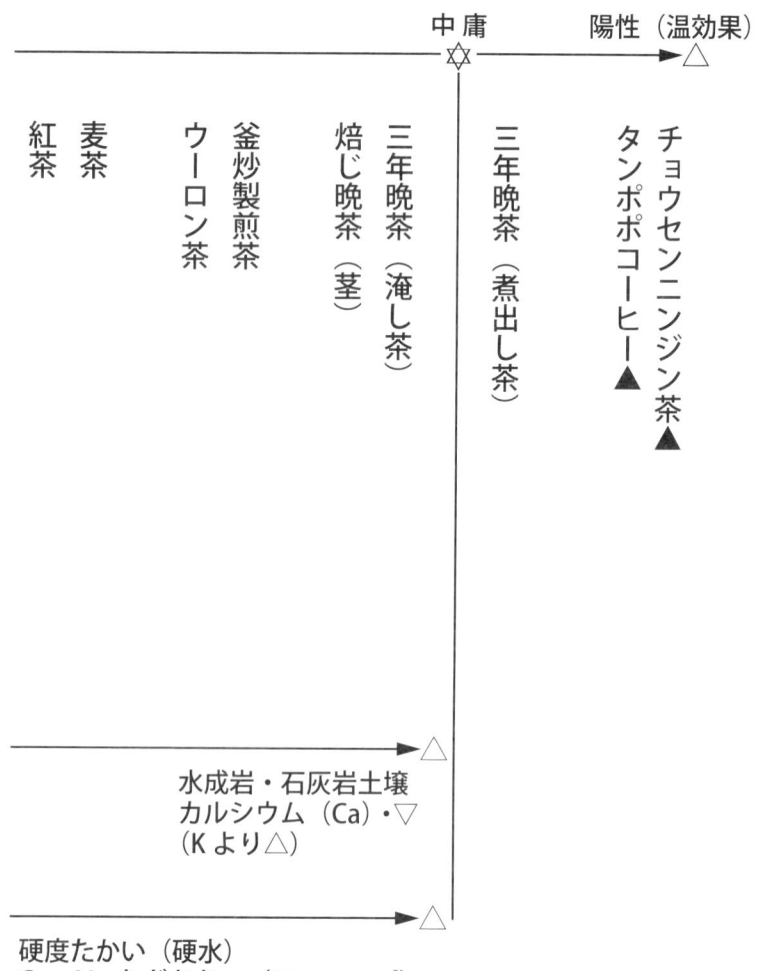

陰性（冷効果）
▽◀――――――――

郷土晩茶
焙じ茶（煎茶）
番茶（下級煎茶）
蒸製煎茶
プーアル茶
玉露
抹茶▼
コーヒー
　苦味系
　酸味系▼
ココア（チョコーレート）▼
ジュース・コーラ・ドリンク剤▼

▽◀―――― 土壌 ――――
火成岩・腐葉土壌
カリウム（K）・▽
（Ca より▽）

▽◀―――― 水 ――――
硬度ひくい（軟水）
Ca、Mg などすくない（日本）

著者作製原図

第三章　承前・酒の陰陽について

●酒の温冷効果

前章の酒の食養的解釈については、紙幅の関係で酸をはじめとした各各の要因についての詳細にふれるには至りませんでした。そのファクターには酸のほかに、原料、味（六味）、香り、アルコール度数、熟成、供出温度、飲酒量、産地（身土不二）などを、さまざまに考察せねばなりません。そして綜合的見地から、その酒の温冷効果（陰陽）を決定するひつようがあります。

ここでは清酒を中心として、ワインやビールなどほかの醸造酒との比較に於いて、ひとつひとつのファクターを検討してみることにしましょう。参考までに蒸溜酒（スピリッツ）も俎上に載せられたらとかんがえます。第一章の〝木戸泉〟の項のなかで醸造酒の酸（有機酸）については若干ふれておきました。ブドウ出来のワインはそのもち味の主たるモノを酸（白ワインのリンゴ酸と赤ワインの乳酸。葡萄果実の主体酸である酒石酸は醸造過程で減少する）に負うのにたいし、清酒のテイストは炭水化物由来の〝甘み〟に依るところがおおきいのであります。

がんらい、葡萄果実は大量の有機酸をその果中に保有するワケですが、清酒の原料たる米に酸の存在は認められません。麹で一割、酒母（酛）で二割、醪製造中に七割と、清酒中の有機酸のほとんどすべてはその醸造の過程でできるモノなのです。

その比率でいえばワインは清酒の五から八倍の酸度をもっております。ワインの陰性の由来のたいはんはここにあります。身土不二から云っても肉食主体の北国ヨーロッパでワインが相補的にはたらくワケがこれでお判りでしょう。

いっぽう、〝豊葦原瑞穂國《とよあしはらみずほのくに》〟（穀物の土地）の酒である清酒が、この中温帯の風土にまことに適した酒であることも、身土不二の原則のただしさを証して余すところがありません。

ちなみに醸造酒御三家である第三番目のビールについて云えば、陽の土地・沙漠の酒、その原料は二条大麦（陰）、含有するガス（陰）、通常は冷やして大量に飲む（ともに陰）ことからみてもかなりの陰性であると理解できます。しかしワインなみに極陰性でないその理由《わけ》はと云えば、アルコール度数がひくいのでそのぶん陰性はよわく、またその種類にもよりますが、ワインのような強い酸ももっておらず、しかもビールの風味附けに使用されるビールホップ含有のホップ樹脂、ホップタンニンというポリフェノールの苦味は陽の要素となるからなのです。ちょうどワインと清酒の間にはいるとしてよろしいでしょう。

そのほか、カンパリとかコアントローのようなリキュール（混成酒）は、その原料が草根木皮系（苦味・渋み）、果実系（甘み）、柑橘系（酸味）、ほかにクリームや砂糖の使用量によって陰性の度合いが異なってきます。このへんの理解には別表の〝アルコール飲料の温冷効果表〟や〝辛酸甘鹹苦渋〟と陰から陽へつらなる所謂〝六味の陰陽〟を参考にしてください。

●純米酒と吟醸酒

第一章で清酒の三大構成酸は〝コハク酸〟〝乳酸〟〝リンゴ酸〟であると記しました。特定名称清酒（詳細は略）のうち純米酒（なかでも生酛系純米酒）に於いては、この三大酸のうち乳酸の占める比率がたかくなってきます。比較的陰性のよわい〝温旨酸系〟の酸（温めて旨くなる酸）であるこの乳酸の含有量がたかい純米酒は、〝冷や〟（常温）かお燗で飲むことで、そのもち味が生きてきます。

また原料を高精白し低温で長時間醱酵させた吟醸酒には、リンゴ酸がほかの種類の清酒よりおおく含まれるようになります。陰性がつよく、典型的な〝冷旨酸系〟のこのリンゴ酸の比率のたかい吟醸酒は、純米酒とは逆に、よく冷やした冷酒として召し上がると、その味も香り（後段参照）もたのしめます（少数ながら燗して旨い吟醸酒のあることを陰陽で解いてみてください）。これが清酒の供出温度の問題です。

さて、拡散性のつよい〝香り〟の要素はいうまでもなく陰性なのですが、清酒のもつ香りにも、炊きたての飯を連想する落ちついた芳ばしい純米酒の香り、あるいはある種の果実や花を想わせる華やかな吟醸酒のエステル系の香り（この吟香にも重く濃密な南国の花を連想させる香り、あるいは爽やかに軽く、脳天から抜けるような北国系の香りなどバラエティーに富む）、また麹の香りの生酒香（専門的には麹鼻《こうじっぱな》という）、紹興酒やシェリー酒にあるような熟成香・古酒香など、様ざまな香りに満ちています。この本質的には陰性の〝香り〟も、純米酒や熟成酒の香りは冷や（常温のこと）かお燗、吟醸酒のエステル香や生香は冷酒に向くなど、それぞれに陰陽の差のあることが判り、興味ぶかいものです。

●熟成について

つぎに熟成についてかいてみましょう。

第二章で味噌、醤油のアニマライズにふれたさい、熟成のメカニズムは〝時間の陽〟〝積算温度の陽〟にあるといたしました。従来の陰陽的に云えば時間だけでことたりるとおもわれるでしょうが、このように積算温度を加えたのにはワケがあります。

清酒の熟成、古酒化には四つのタイプがあります。まずその第一が精米歩合のひくいいわゆる〝玄《くろ》い米〟を使用し、出来酒を常温で貯蔵したタイプ（そのおおくは純米酒、本醸造酒、普通酒など）、第二番目のタイプは反対に精米歩合をたかくした〝白い米〟を使い、出来酒は低温で貯蔵したモノ（吟醸酒がその典型）。そして第三第四は精米、貯蔵のそれぞれを入れ替えたタイプで、第一と第二の中間に位置するどっちつかずのモノ。云うまでもなく第一と第二のタイプがティピカル（典型）になります。そしてこの第一と第二をおなじ時間貯蔵熟成しても（時間の陽はいっしょでも）、第二の吟醸酒タイプの酒は圧倒的に積算温度の陽の足りない、陰性な性質の抜けきれないモノになりがちです。しかも往往にして味と香りのバランスが崩れたママ熟成していくのです。

したがって〝温冷効果表〟にある〝古酒〟とは第一のタイプであることが判ります。すこしはなしが難しくなってきましたね。

ワインの色の変化（赤ワイン、白ワインともに）や酸の熟成、マロラクティック醗酵[※1]（M.L.F.）などを陰陽で解くのもたいへんに興味あるコトなのですが、このワインの時間軸についてはべつの機会に譲りましょう（ワイン編第四章を見よ）。

●蒸溜酒のポイント

さてここまで、酒の食養的解釈にひっようないくつかの要素を述べてきました。その綜合的判断の必要性もさることながら、やはりたびたび申しあげるように、〝量は質を殺す〟という真理と短期的・即効的見地、長期的・習慣的・本質的見地、このタイムスパンの問題の重要性を、ここで再びおかんがえくださることを切望いたします。

さいごに蒸溜酒についてそのポイントだけ簡略に述べてみましょう。

蒸溜酒の本質はなんといっても高アルコールであることにつきましょう。清酒などの醸造酒がおおむね十五度台までなのに比べ、こちらはその約三、四倍五〇度前後のアルコールを含有するのですから。

また蒸溜法のちがいも考慮に値します。連続式蒸溜機を使って高純度化したエチルアルコールの、純粋物質としての極陰性。また従来の常圧蒸溜ではなく、最近流行の減圧式蒸溜機による低沸点物質に由来する陰性化。イオン交換膜使用の高純度化など、淡麗化とよぶ無個性化の進行……。

このほかに熟成や原料や飲用法など、ふれねばならぬ要因《ファクター》もまだ残ってはおりますが、それについては第九章焼酎のはなしでかくことにいたします。

※1　マロラクティック醱酵（M.L.F.）＝Malolactic　Fermentation　乳酸菌の働きでリンゴ酸を乳酸に変換する醱酵。

第四章　調和型と相補型の提唱

「尽十方《じんじっぽう》といふは逐物為己《ちくもついこ》、逐己為物《ちくこいもつ》の未休《みきゅう》なり」（『正法眼蔵《しょうぼうげんぞう》』・一顆明珠《いっかめいしゅ》）

このモノとオノレの追いかけっこは「食物を喰うということは、同時に食物に喰われることである」というパラドックスに於いてみごとに証明される。

「法華転法華《ほっけてんぼっけ》」。法華を転じ、また法華に転ぜられるというコト。

これはさらには桜沢如一の「表裏の法則」「陰陽無双原理」に於ける〝相補性〟の証明でもあろう。

　のっけから難解の古典引用をお詫びします。しかし、この道元禅師の正法眼蔵なる難物を無双原理の眸《め》で読み解いてゆくのは、きわめて興味ぶかい時間であります。酒にかんする文章であることを充分承知したうえでも、この誘惑に堪えるのはつらいことです。

　まあそれはさて置き、ここではこの喰う喰われるという、表裏、相補のさまを、別表の〝調和型と相補型の提唱〟を柱にして、すこし深入りしてみたいとかんがえるのです。

　皆さまご案内のように、むかしからよくしられた諺に〝酒飲みは辛党〟というものがあります。所謂〝枡酒に塩〟〝辛味噌嘗めて酒〟ですね（ソルティードッグなるカクテルはジョークですぞ）。

アルコール飲料には、基本的に塩味（六味で云う鹹《かん》）は構成要素としてありません。ですから酒（冷効果・陰性）と塩（温効果・陽性）はいうまでもなく相補の関係にあるわけで、〝酒飲みは辛党〟という諺はこの間の消息を明らめております。

しかし、このような相補的な食べものと飲みものとの関係とは逆に、世の一般の料理教室やらソムリエ学校では、従来、調和型とでもよべば適切な、食べものどうしの、あるいは食べものと飲みものとの組合わせを中心に生徒たちを指導してきました。この世界に於いては〝相補的〟なる組合わせの存在は、ほとんど気づかれてもおらないようでありました。肉料理には赤ワイン、魚料理には白ワインといえばお判りでしょう。

藤原正雄、渡辺正澄両氏に拠る〝温旨酸系・冷旨酸系の提唱〟もこの調和型の系列にはいりましょう。ちなみに温旨酸とはよんで字の如く、常温あるいは温めておいしくなる酸（有機酸）、醸造酒の含有酸でいえば代表的な乳酸や清酒の主体酸であるコハク酸などを指し、冷旨酸とはこれとは反対に冷やしてこそ旨い酸、こちらの有機酸はリンゴ酸を主体に酢酸、クエン酸などを云うのです（詳しくは二章、三章の醸造酒の有機酸のはなしを参照してください）。

ここでは両氏の説を再述する余裕なきことを遺憾とするものでありますが、そのなかから一例だけ挙げさせて戴きましょう。

たとえば牛肉（判り易い例ですが、あまり食養的とは云えませんな）でもロース肉（サーロイン）のように赤身で筋肉質、動的（うごくもの）な部位は乳酸系物質もおおく、これは食養で云えば陽性のつよい肉です。反対にヒレ肉（フィレ）は赤色も淡く白身系で静的（うごかないもの）。こちらはグリコーゲンがおおくなり、ロース肉にくらべて比較的陰性と云えましょう。

そしてこの両者に合わせる酒（ワイン）はいうまでもなく、前者ロース肉（陽性）には温旨酸系である、食養的には陰性のよわい（陽寄りの）赤ワイン（乳酸、タンニン含有）、後者ヒレ肉には温旨・冷旨中間の、陰性のすこしつよくなる中間系とよばれる赤ワイン（乳酸、タンニンがすこし減少する）であるボージョレや白ワインでもシャルドネ種をマロラクティック醗酵（M.L.F.）させたもの。（M.L.F.）＝酒中のリンゴ酸を乳酸に変化させる二次醗酵のこと。リンゴ酸が減り、その分乳酸が増える。くわしくは第二部ワイン編第三章のワインの温冷効果（後篇）参照）

もうお気づきのように、この原理は赤身の魚（マグロやカツオなど）と白身の魚（ヒラメ、カレイ、貝類など）に合わせる酒をかんがえるにも有効なことは申すまでもありません。むろん酒の種類は獣肉のばあいと若干違ってきます。なにがよろしいかおかんがえください。このばあい、食養的な相補型にではなく、ソムリエ学校的に調和型でおねがいします。

つぎに藤原、渡辺両氏は〝三位一体〟と申されておりますが、じつはここに前記した食材と酒類のほかに、第三の物質として〝調味料〟がはいってまいります。食材と酒においては温旨酸系・温効果（冷効果よわい）、冷旨酸系・冷効果とぴったり符合したものが、調味料では様子がすこしちがってきます。たとえば塩（食養では△・陽性、温効果）について、藤原、渡辺両氏はこれを、冷旨酸系の調味料としておられます。むろん食養とは発想の原点がちがうのですから、これはとうぜんのコトで、両氏の理論上ではなんの矛盾もなく、まさにそのとおりなのです。あるいはそれは、塩がしばしばレモン（クエン酸・▽・陰）とのセットで登場することがヒントになるのかもしれません。

●変化、不変化の原理

さて、陰と陽の法則から云って、異性（陰と陽）は互いに引きあい引かれあうのですが、同性（陰と陰、陽と陽）どうしが反発しあうという現象も、無双原理について勉強なさったかたは、すでによく理解、納得なされておることでしょう。

ですから別表〝調和型と相補型の提唱〟は比較的理解しやすいのではないでしょうか？

この表のうち、左側の組合わせである同性型（調和型。料理学校やソムリエ学校の世界）に於いては、同性間の力がおなじにちかいほど（力の差がないほど）排斥力（反発力）はつよくなりますし（ですから調和型のためには、それぞれの力がつよすぎないコトがひつよう）、また力の差がおおきいほど、おおきいほうの同性に吸収されるという現象が起こります。そして反発（排斥）するにせよ、吸収される（する）にせよ、いずれにせよ自分自体を変えることはないのですから、ことばを替えて云えば、同性型とはそれぞれが変化しにくい組合わせと云えるでしょう。これが第二章の二三頁にかきました〝保存〟〝防腐〟の原理です。

これに対して、異性型（相補型。食養的調理の世界）に於いては、異性間の力の差がおおきいほど互いに引きつけあう力はつよまります。そして引きつけあい、補いあうということは、お互いに相手に足りないものを出しあいそして貰いあうということなのですから、これは同性型とは反対に、異性それぞれが変化しやすいということも、容易に理解して戴けるものとかんがえます。これが先先章の〝

調和型と相補型の提唱

食物と飲料の組み合わせについて

調和型
（同性型・恋人型・ハレの日型・不変化型）

●ハーモニー

★肉と赤ワイン
★魚と白ワイン

●文化風土（土地柄）

★頭脳労働と軽い酒、軽い食事

頭脳労働は▽性で△の消費は少ないから△性の要求も少ない
淡麗・味薄く軽いもの
ライト・アンド・マイルド、ライト・アンド・ドライ、減塩減塩

★肉体労働と重い酒、重い食事

肉体労働は△を消費するから△性のものを要求する
濃醇、味濃く重いもの
フルボディ、ヘヴィ

●ハーモニー（藤原・渡辺氏の提唱による）

★温旨酸系・△性方向の有機酸

（乳酸・コハク酸→▽性弱い）、（タンニン・△）
動（うごくもの）・△性、乳酸系物質・△方向

★冷旨酸系・▽性方向の有機酸

（リンゴ酸・クエン酸・酢酸→▽性強い）、（炭酸ガス・▽）
静（うごかないもの）・▽性、グリコーゲン・▽方向

（注・すべての酸の基本的性質は▽性）

相補型
（異性型・夫婦型・ケの日型・変化型）

●△▽相補性

★寿司と渋茶
★肉料理とワイン
★升酒に塩
★蕎麦屋と酒

●季節的差異

★冬（▽性の気候）

味のある重い酒、燗酒（△性方向）
食物も身体を温めるもの、身体を締めるもの（△）、温効果
ニンジン、ゴボウ、レンコン、ダイコン（冬野菜、根菜△）

★夏（△性の気候）

水分の多い軽い酒、冷酒（▽性強い）
食物は身体を冷やすもの、ゆるめるもの（▽）、冷効果
トマト、キュウリ、ナス、ウリ（夏野菜、果菜▽）

●気候風土

★寒冷な土地（▽）は肉食（温効果）型（△）

気候風土の影響を受けて酸の多い軽い酒やワインができる（▽方向）

★温暖な土地（△）は菜食（冷効果）型（▽）

気候的差異の影響で酸の少ない重い酒やワインができる（△方向）

●飲む人の体質（個人的差異）

★▽性体質（菜食型）

水分の要求少ない
△寄り醸造酒（清酒など）をヒヤか燗酒で、量も少なめに

★△性体質（肉食型）

水分を多く欲す
蒸溜酒や▽寄りの醸造酒、ビールやワインを多量に要求する

著者作製原図

醗酵〝〝腐敗〝の拠ってたつ原理なのです。そしてこの〝変化する〝ということが、桜沢如一の七つの法則のうち、『すべてのものは変化します』という宇宙法則を成り立たせる〝陰陽相補性の原理〝の証明でもあるのです。これは〝易〝であります。仏教で云えば〝無〝〝空〝〝無我〝〝諸行無常〝〝仏性〝ということであります。

●変化の一例は〝毒消し〝

さいごになりましたが、この〝変化〝（易）という宇宙法則の実用的応用の一例として〝毒消し〝というものをかんがえてみますと、たとえば〝マグロの刺身とワサビ〝の組合わせのように、一方の性のつよいモノほどこれとは反対の性のつよいモノでバランス（カウンターバランス）をとってやらねばなりません。いうまでもなく、このときの〝変化〝こそ〝毒消し〝なのであります。ことばを替えて云えば相補的に陰陽度を中庸にちかづけてやるということです。しかし、陰陽の程度の差がいちじるしいほど、お互いに引きあう力がつよく変化もおおきくなると云うコトは、このマグロ（▲）とワサビ（▼）のように牽引力のつよい組合わせ（変化おおきい）ほどじっさいにはバランスをとるのが難しく、またコケ易くもなるのです。〝ヤジロベエ〝の両端のようなモノですな。しかも〝量は質を殺す〝。摂りいれる量が過ぎれば、それはもう相補的にはたらくことをこえて、陰と陽はそれぞれ己が性に従ってその依る処に落ちつき、けっか陰はますます陰に、陽はますます陽に変化するという理《ことわり》なのであります。

それよりも、鯉と牛蒡（食養鯉コク）のような陰陽の度の接近した組合わせ（変化ちいさい）ほど転び難く、身体にやさしい食物といえましょうね。老婆心ながら……。

この〝調和型と相補型の提唱〟は、しまいには〝恋人型〟と〝夫婦型〟、ただしい女と男の関係にまで発展可能なふかいおはなしなのですが、それはまたいずれということにいたしましょう。

この章の〝調和型と相補型の提唱〟では、日本酒の撰びかたのはなしにもかかわらず、まあ綜論的とはもうせ、はなしがワインのほうに傾きがちだったことはお許しください。

ところでそのさい問題提出しました〝赤身の魚と白身の魚にあわせる酒〟はおかんがえくださったでしょうか。むろんこのばあいは食養的・相補的にではなく、三九頁表の左側の組合わせ、同性型・調和型にもとづいた答えを期待していたワケです。

その調和型（従来のソムリエ学校、料理学校型）の組合わせとしては、清酒で云えば赤身の魚には乳酸たっぷりの生酛系純米酒、白身の魚には吟造り純米酒か本醸造の酒がよろしいでしょう。むろんこれには調理のしかた、あるいは調味料に依るところもおおきいのですが。

またワインとしてよろしいのは、これも調理にも依りますが、赤身には中間系の赤・白ワイン、白身や貝類（ただし基本的には熱をとおしたモノ）にはリンゴ酸の豊富な〝ライン〟や〝ロワール〟タイプの白ワインとなりましょう。（このへんの理解についてはワイン編第九章も参考となるはずです）

第五章　海の酒と山の酒

●酒の身土不二

さて、これからのはなしは〝海の酒・山の酒〟、云ってみれば〝酒の身土不二〟でしょうか。それはまた〝風土〟のもんだいとも云えましょう。〝気候風土〟と〝文化風土〟の考察であります。それを地球的規模でかんがえれば、赤道直下の熱帯・亜熱帯の酒、それとは反対の寒冷・極地の酒、そしてその中間の温暖・温帯の酒であり、あるいは地理的風土でいえば内陸の酒・沿岸の酒、高地の酒・低地の酒、まさに山の酒・海の酒となりましょう。

極寒の地に棲むシベリアの人びとや極北のアニアック・イヌイット（エスキモー）のひとたちとその飲酒の関係は、まさに気候風土と文化風土との拮抗の考察なのです。しかしここではこれいじょう深入りすることは控えます。この問題については第十一章中国の黄いろい酒と白い酒で詳しくふれています。

これを、南北に細長く、四辺を海で囲まれ、山地面積のおおい日本列島、この中温帯の島国の風土と、そのそれぞれに異なった土地で造られ飲まれている様ざまな酒について、身土不二的に見渡してみるのも興味をそそる試みともうせましょう。

ほんの一例を挙げれば、雪ふかい内陸秋田と日本海に面する沿岸部の秋田の酒。あるいは山おおく空っ風吹き颪《おろ》す関東内陸の酒と温暖な東京湾岸、南関東の酒。また瀬戸内海に面した四国愛媛、香川と太平洋に臨む土佐高知の酒のちがい。九州佐賀の山の男酒と海の女酒などなど……。

まだまだこのような例にはこと欠きませんが、そんな〝風土の酒〟として、北陸は富山県の興趣溢れる或る酒蔵のはなしで海の酒山の酒を語ることにいたしましょう。

数年まえのことになりますが、〝三笑楽《さんしょうらく》〟という、県内では特異な酒を造るお蔵にいってきました。

富山県の酒といえば新潟県の酒とともに、首都圏ではたいへんよく飲まれている酒のひとつでありましょう。

しかし総じて淡麗辛口県であるご当地ではめずらしく、山の酒〝三笑楽〟はその立地する風土の性格に依るものでしょうか、酸のしっかりした、味の乗ったゴツイ酒味を身上といたします。

富山湾の海凝《かいぎょう》（海の精の凝ってできた幸）をつかった、どちらかというと味の淡い料理に添わせることのおおい、富山市を中心にした海の酒にたいし、岐阜県との県境にちかい、あの合掌集落でゆうめいな五箇山の地に、明治十三年創業いらい百三十三年の歴史を刻むお蔵の酒造りは、やはり〝山の酒〟特有の風格をみせるのも宜《むべ》なるかな。

その三笑楽の酒の身上を構成する要素とはなんでしょうか。それをお蔵元の山崎洋氏よりおききしたはなしと、じっさいにお蔵をみせていただいた感想をもとに、いくつかここにかき記してみましょう。

まだ雪の消え残る五箇山（おもったより雪はすくなかったのですが）、しかもつめたい早春の雨の降りしきるなか、吟醸酒いがいの酒を造る醪タンクのならぶ建物にはいると、ほっと一瞬の暖かさをかんじます。それもそのはず、この普通酒の蔵はなんとぜんたいがすっぽりと土蔵のなかにあるのでした。しかもただ体感的に暖かなだけではありません。おどろくことに、醪タンクに巻きつけてあるのは冷水用のジャケットではなく、はんたいに保温のためのスチロールジャケットだったのです。本醸造や純米まで吟醸造りをする蔵のおおくなった昨今、ここではうれしいことに、品温を下げるより上げることをかんがえているとおっしゃる。

しかも、吟醸はべつにしても、米を磨く（白《はく》を上げる）方向よりも黒い米（あまりハクを上げない）をつかって、味のよく乗った酒を造りたいと山崎蔵元。だから麹もハゼ（麹菌の繁殖するさま）のよく回った老《ひ》なし気味のものをつかうそうです。

酒母（酛）は一般的な速醸酛のほかに山廃酛（生酛系酒母）もたてています。しかしお蔵の市販酒に（すこし残念な気がしますが）山廃の酒はありません。これは普通酒（純米や本醸造にも）に調合して、酸（乳酸）と味のふかみを増すのにつかうもの。

そのけっか、一般酒や純米酒の酸度は一・七ほどだしています。なかでも〝ごきりこ〟と銘打った本醸造酒は一・九の酸があり、味のよく乗った、骨格のしっかりした酒（これはこのお蔵の純米酒や一般酒にもいえることですが）、いってみれば武骨とも表現できる〝山の酒〟に仕上がっています。むろんこの云いかたはカウンターパンチなのでありまして、先にもうしあげたように、淡麗な富山の酒のなかにあって、その特異さがめだつ、というほどのものとご理解いただければ倖というもの。

しかしおもしろいものですね。やはりお蔵をたずねる旅はやめられそうにありません。ごらんなさい。醪の温度処理。米の白《はく》にたいするかんがえかた。山廃酛とそれに附録してでてくる酸とアミノ酸。普通酒中心、ということは地元の消費が中心ということになるではありませんか！

そんな〝風土と人〟を具現した山中〝五箇山〟の地《じ》の酒は、やはり地《じ》の生活にぴったりと寄り添い、庄川上流域の谿流魚、山女魚《やまめ》や岩魚《いわな》（おお岩魚の陽性！　ＧＯ先生〔日本酒編第十章の注参照〕に有名な『イワナとキノコ』がある）、さらに山間の蕎麦《そば》の陽性をひつようとさせるのでした（支流利賀川畔は高名な蕎麦の里。ちなみに利賀村はネパール国の蕎麦の里ツクチェ村と姉妹村の由）。

そしていうまでもなく、山里の春は山菜、繞《めぐ》る秋はキノコ。アクのつよい山菜は味噌（胡麻味噌、胡桃味噌、味噌炒め、味噌漬けなど）や塩、醤油、あるいは油（熱することで、より高温の陽性化となる）をつかって調理されることがおおいものです。また陰のつよいキノコも山菜（むろんアクもたいはんは陰性）とおなじ陽の処理を経て食用になります。山間高地の陰性はこれほどに陽を要求するのです。

そんな山の生活にヤワな酒は似合わない。どうしても〝三笑楽〟のような酒がひつようとされる所以があったことでしょう。こうして海の酒とはちがう食文化とともに山の酒も飲まれつづけてきたのです（流通事情のちがう現代では、かならずしもそうとは云えまいけれど……）。

そんな五箇山のあしたの祭りのために、蔵元さんが村人に提供するこのとき限りのにごり酒。ひとあし先に蔵内《くらうち》でそれを味わうほどに、いつしかどっぷりと山の酒にひたりきってしまって、腰をあげるのも定かではなくなっていました……あすはもういちど五箇山へ戻ろうか！

第六章　菩提泉《ぼだいせん》という名の自然酒のはなし

まちのすぐ北を大河坂東太郎の流れる千葉県香取郡神崎《こうざき》町に、一六七三年（延宝元年）創業と伝わる、寺田本家というちいさな酒蔵があります。近江商人を始祖とする、所謂〝江州蔵《こうしゅうぐら》〟のひとつですが、しかし、それより自然酒「五人娘」の醸造元といえばご記憶のかたもおられましょう。げんざい八百石あまりの製造石数（一石は一升瓶換算で百本）という小蔵ですが、おとなり佐原市に在る高名な香取神宮の御神酒を代代造りつづけているという格式を誇ります。

いま、その寺田本家が注目を集めつつあるのは、その格調格式もさることながら、第一章でとりあげた、おなじ千葉県大原町在の木戸泉酒造とともに、あえてもうせば、現今のわが国の主流とくらべて、その特異な己が酒造りにたいするかんがえ（念《おも》い）とその出来酒にあります（ちなみにこの両蔵の蔵元お二人は親密なご友人同志でもある）。

本題の菩提泉のはなしにはいるまえに、ここでその特異さのいくつかを、ポイントのみ列挙してみましょう。

まずその第一とすべきが酒母《しゅぼ》（酛《もと》造り）にあります。前記木戸泉さんの使用する酒母が全量、独有の酛造り（二種類の培養乳酸菌を直接添加する日本唯一の製法。第一章参照）である高温糖化《こうおんとうか》山廃酛《やまはいもと》（乳酸菌醸造）なのにたいし、寺田さんの採る醸法はおなじ生酛系ではありますが、より古式であり、またたいへんに手間暇のかかる〝生酛《きもと》〟をその造り酒の、これまた全量に準備するという凝りようです。生酛造りはその使用する米の糖化促進のため、蕪櫂《かぶらがい》で蒸米を擂《す》り潰す〝山卸《やまおろ》し〟とよばれる重労働を要することから、昨今この古式法をおこなう蔵はきわめて稀であり、小蔵とはいえ使用酒母の全量をこれで賄うその発想とご苦労には脱帽のほかありません。

ではなぜ、そのように手数の掛かる古法にこだわるのでしょう。

それはひとえに、乳酸菌はじめ自然界に生存するおおくの種類の微生物に活躍の場を与えるため、であると寺田啓佐蔵元はおっしゃいます。醸造界でも酒造中の代表的な微生物である硝酸還元菌、乳酸菌、酵母菌の三者に依る三幕三場劇場はよくしられた事実です。そのおおくのかれら微生物（最終生存者の酵母菌（イースト）の酒母一 cc中の数はなんと二～四億匹といいます）が競争交代の涯てにのこした生産物・排泄物（これを寺田蔵元は微生物の雲古と表現します）が、その出来酒にふかくかつ複雑な味香を与えることになるのです。人工の乳酸を投入することで、酒母を一挙に乳酸酸性にする一般的な速醸酛ではかんがえられない、これは生酛、山廃酛など生酛系酒母に共通する勝れた特徴です。

さて、酛造りに少少おおくの文字をつかいすぎてしまいました。

第二には、なんといっても普通酒をふくめて製品すべての純米化でありましょう。従来からの〝五人娘〟が純米酒、純米吟醸酒、純米大吟醸酒であるのは申すまでもありませんが、なんと普通酒の銘柄である〝香取〟まで添加物なしの純米（その使用物は米、米麹、仕込み水）にしようというのです。全製品を純米で造る蔵は少数ながらほかにも例がなくはありませんが、そのほとんどは純米酒以上の高級銘柄（これを〝特定名称酒〟という）にしたお蔵のみです。これも寺田蔵元の徹底した自然志向のあらわれを語って間然するところなしといえましょう。

第三にその普通酒香取の、時代に逆行するかにみえる低精白化（白《はく》を上げない）はいかがでしょう。純米酒、本醸造酒まで吟醸造り（高精白、低温醗酵）にする風潮をしりめに、なんとも潔いお蔵元の決断ではありませんか！

常づね世のながれが米の磨きすぎにはしる風潮に警鐘を鳴らしてきたものにとって、快哉をさけばずにおられましょうか（醇な酒のたのしみのひとつに〝玄《くろ》い米〟から造った酒は欠かせません）。昨年まで八割だった普通酒香取の精米率（全国平均は普通酒もふくめて約七割と純米酒並み）をこの冬の造りから九割という飯米レベルに下げようというワケです。調熟がすんで出荷される香取がたのしみですね。このような方向のお蔵ですから、ご想像のように、発芽玄米をつかった〝玄米酒〟もとうぜんそのラインナップにはありますぞ。

こんな特異な酒造りにとって、蔵の環境をかんがえることは欠かせません。そのために寺田蔵元の施した蔵内の整備のもっとも顕著なことに、蔵全体にたいする炭の利用が挙げられましょう。炭の効用について、いまさら喋喋とするつもりはありませんが、その効果がたいへん特徴的にあらわれている処に麹室があります。床、側面、天井とその四方のすべてに25センチの厚さに詰められた粉炭は、蔵内でももっとも汚染されやすい場処であるムロの浄化にどれほど役にたっていることでしょう。ふつうその高温と高湿度のために、もち込んだカメラのレンズは瞬間的に曇るのに、ここではそれがありません。このことは専門的には〝乾湿の差〟のきわめてとり易い麹室ということになるのです。

ポイントのさいごに、酒造りにとって米とならんで最重要な素材である〝仕込み水〟についてふれる余裕がなくなってしまいました。いっけんお蔵元の自然志向から乖離するかにみえる〝電子水〟（その効果はO_2の増加と水分子クラスターの微小化）という水の加工のはなしは、巻末の参考資料「水のはなし」の〝原始の水のもつ力〟を参照ください。

さて〝菩提泉〟という名の酒をきかれたことがおありでしょうか。外池良三先生の『酒の事典』には菩提泉についていかのように記されてあります。「嘉吉年間（一四四〇年代）奈良の東南一里の渓谷にある奈良興福寺大乗院の末寺菩提山寺は奈良酒の醸造元として良質の酒で世にしられ、その酒は〝菩提泉〟という名でよばれて人々に賞されていた」と。

その奈良酒《ならしゅ》の別名〝南都諸白《なんともろはく》〟（諸白とは原料米が麹米も醪《もろみ》掛米もともに白米を用いること。そのいぜんは麹米は玄米であり、これを片白《かたはく》という）の一原型である菩提泉は、〝御酒《ごしゅ》〟〝天野酒《あまのさけ》〟とならんで『御酒之日記』に登場する中世の〝僧坊酒〟のひとつで、現在の酒造りの祖型ともいえるものです。

この菩提泉（菩提酛仕込み）の詳しい方法は『童蒙《どうもう》酒造記』『多門院日記』とならんで酒の文献として著名なこの『御酒之日記』（永禄九年前後・一五六六年）に記されてあります。それは加藤百一先生の『酒は諸白』に依れば、「まず最初に乳酸醗酵を営ませて雑菌の繁殖を抑え、次に乳酸酸性のもと

蕪櫂（かぶらがい）をもって生酛（きもと）の半切桶の前に立つ寺田啓佐蔵元

で酵母の増殖を促し、続いてアルコール醱酵を行わせるといった、微生物学的にきわめて巧妙かつ合理的なものであった」ようです。

その古式醸法の自然酒を寺田さんがお造りになるキッカケとなったのは、寺田蔵元、木戸泉の荘司蔵元と三人の酒の席での雑談のなか、筆者のふとはなした菩提酛についての話題からなのでした。なにごとにも興味と決断のはやい寺田さんのこと、即座に実行に移されたのです。しかしこの冒険ともいえる試みには荘司さんともども少少アッケにとられたことでもありました。ところが案ずるよりなんとやら、倖いなことにというか、これも寺田さんの計算のうちか、お蔵には蔵人として曹洞宗禅寺のお坊さん出身である藤波良貫さんがおられたのです。その良貫さんの寺での経験（!?）と前記『御酒之日記』記載の製法から、寺田本家オリジナルの菩提酛仕込みができあがったのでした。いかその醸法を箇条書きにして記してみましょう。

物量（材料）として白米一斗、麹五升、仕込み水一斗の割合。しかしじっさいのお蔵の仕込み量はこの約十倍になります。

①白米を一割（一升）と残り九割（九升）に分け、一割（一升）のほうだけをご飯のように炊きあげ、一晩冷ましておく。

②冷ました白米を〝さらし〟の袋にいれ、口を縛る。

菩提酛仕込みタンクを覗く寺田蔵元（左）と木戸泉・荘司蔵元

③仕込みタンクに九割（九升）のほうのよく洗った生米と仕込み水一斗をいれ、そこに酛の袋を漬け込む。
④まいにち袋をよく揉んで、なかのご飯を搾りだすようにする。するとだんだん酸っぱくなったご飯のような香りがして乳酸菌が活動してくる。泡もすこしでてくる。（乳酸醗酵の段階）。
⑤三日後（寒い冬の期間は一週間ほど）、なかの袋を取りだし、生米の水切りをするが水は捨てないでとっておく（この酸っぱい水をむかしのひとは〝くされもと〟といみじくも名づけた）。
⑥生米を蒸気が上がってから四十五分ほど蒸す。それからよく冷ます。
⑦麹五升のうち五分の一を〝さらし〟のご飯と混ぜ、その半分をタンクの底に敷く。麹のうちの五分の四と蒸米、とっておいた水（酸っぱい水）を混ぜ、タンクにいれる。麹とご飯を混ぜた残り半分をそのうえに蓋をするように広げる。これで仕込みはおわったのでタンクにゴミや虫がはいらないよう布で蓋をしておく。（米の澱粉を糖化する段階）。
⑧一晩くらいして泡がでてきたら櫂入れをする。一日三回くらい櫂入れをしながら、季節にもよるが一週間（寒い時期は一ヵ月

現蔵元寺田優氏夫人の食養料理。鍋の泡汁（醪タンクの泡使用）、南部小麦のパン（醪泡中の酵母菌利用）、酒粕クッキーと玄米酒粕ドーナッツなど

前後かかる）くらいでお酒になる。（糖化と醗酵の段階）。

このいわばドブロク醸法ともいえる古式は、ほんらい酒の腐り易い暖かな季節のための安全醸法でもあり、顕微鏡などむろんなく、微生物の知識もなかったであろう古人の智慧と直観力には驚嘆、敬服のほかありませんね。これをお読みのかたもこの菩提酛仕込みでドブロクを造られると、おどろくほど美味で自然な酒造りを体験できますぞ。

ふつうすべての酒蔵に於いては、たとえ生酛系酒母といえども、その使用酵母は人工培養された酵母なのです。そこが一徹な寺田蔵元には気がかりだったのでしょう。「醍醐のしずく」と名づけられた寺田本家の菩提泉は、天然の乳酸菌のみならず、天然の酵母もとり込む自然醸法なのです（もっとも、ドブロクとはほんらいそういったモノなのですが）。

さて、それでは「醍醐のしずく」と一般清酒のちがいをつぎに掲げてこんかいの菩提泉のはなしの筆をおさめましょう。お味のほどはいかの数値からご自由にご想像あれ（飲んでみるのがイチバンですよ）。
◎アルコール度数・九〜一〇度。（一般酒は十五度前後）

◎原材料名・自然米、自然米の麹のみの純米造り。（一般酒はふつうの酒造米。あるいは米のほかに醸造用アルコール・醸造用糖類など）
◎日本酒度・マイナス七〇〜八〇。（一般酒は±〇前後。マイナスがおおくなるほど濃醇で甘くなる）
◎酸度・一二〜一三。（一般酒は一・五前後。ワインですら八〜一〇ほど。酸度がたかいほど酒は辛口になる）
◎アミノ酸度・五〜六。（一般酒で一〜二。数値がおおいほど味がおおく、複雑になる）
◎精米歩合・九〇%以上。（一般酒の全国平均は七〇%。ちなみに九〇%とは飯米と同程度の精米。ドブロク醸法宜《むべ》なるかな！）

第七章　飲酒の気分について

「幽蘭《ゆうらん》前庭に生じ　薫《かお》りを含んで清風を待つ」陶淵明※1

縁の障子の傍らに置かれた細桟の棚のうえに、支那蘭が一鉢、凛とした花をひらいています。折からの春の雨は絹糸のように絶えまなく降りそそぎ、そのしっとりと穏やかに湿った大気は、清高で密やかな蘭花のかおりをいっそう緻密なものにして室《へや》に漂わすのです。

その蘭鉢に対峙して、淵明のひそみに倣い、一掬の春醪《しゅんろう》（このばあいは残念ながらとうじの濁酒《どぶろく》ではなく、新酒の澄酒《すみざけ》なのですが）を盃《さかづき》に満たします。この大振りの白釉の杯《はい》は、朱で描かれた目出鯛の絵を映すのでしょうか、澄んだ酒で裡《うち》を満たすと、灌《そそ》がれた酒はうっすりと春の桜色に染まるのです。

そして対する蘭花には富水春の銘が附されてあります。淵明やのちの杜甫とならんで、酒仙の名をほしいままにした唐代の詩聖、かの李太白の好んだといわれる酒銘からとって名づけたこの富水春と呼ばれる支那蘭は、あたかも酒を含んで頬を染める少女《おとめ》のように、華ひらくまえのおのが莟《つぼみ》を薄紅に染めるのです。それは富酔春と呼び替えたくなるような風情なのです。（しかし、この〝飲酒其十七〟の幽蘭の詩に籠められた、淵明の蘭と蕭艾《しょうかい》（よもぎ草）にこと寄せた真意を判っているものだけに、いま春酒で盃を満たす気分は複雑なのです。とても桜だ紅だと春爛漫一色の気分にはなれませぬ）。

さて、ちょっぴりもの憂い春色にこころ惑わされてしまったようです。

このやっかいでありながら、しかし興味津津たる〝気分〟というやつについてかんがえてみるとき、どうしてもさいしょにふれずにはおれないのが、序章の劈頭でご紹介した、〝気分の生活法〟の大家ともいうべき、支那の幽黙《ユーモア》大師、林語堂《リンユータン》そのひとです。昨今では人口に膾炙しているとはとても云い難いのですが、とうじは一世を風靡した世界的知性人で、れいの「コスモポリタン的生活の理想は、英国風の別荘に住み、米国式鉛管設備があり、中国料理を食べ、日本人の妻を持ち、フランス人の愛人を持つことである」の警句《エピグラム》をもちだせば、憶いだされるかたもおられましょう。

その林語堂の代表作のひとつ『生活の発見』（原題は『インポータンス・オブ・リビング』。『生活の発見』は旧題。げんざいは『人生をいかに生きるか』として講談社学術文庫に旧題とおなじく坂本勝氏の名訳がある）は全編これ気分の生活法に尽きております。

筆者愛培の支那春蘭　富水春

かれ林語堂はこう申しております。「烟草《たばこ》や酒や茶をたのしむには、雪月花をたのしむときのように、しかるべき相手がなければならない。ある種の花はある種のひととともにたのしまなければならない。ある種の景色はある種の女性を連想しなければならない。

雨滴の音を心からたのしもうとするなら、夏は深山の寺院の竹の牀《しょう》に凭《よ》って聴かねばならない（ひとは限らないようです）。つまり、ものの気分というものが大切なのである。ものにはそれぞれ気分というものがある。だから相手をえらばないと、気分が全然だいなしにされてしまうというのである」と。つづけてかれの引くある中国の作家は「春の酒は庭に出でよ、夏の酒は野に出でよ、秋の酒は扁《へん》舟《しゅう》の上、冬の酒は蟄居して飲むべく、夜酒は月下のものと知るべし」と。そしてべつの作家は「酔うには時と処がある。花の色香と和するには陽光のもとに花に対して酔うべく、想念を浄めるには夜雪にむこうて酔うべきである。楼上の宴は冷涼の気を利するため夏をよしとし、江上の宴は軒昂たる自由の感懐を増すために秋をもってよしとする。これこそ心境と景観に即した飲酒のただしい方法であるが、この法則を犯すと、飲酒のたのしみは失われるばかりである」と述べています。

また林氏は同書のなかに張潮《ちょうちょう》（一七世紀中葉のひと）のエピグラムを数おおく引いており、そのうちのひとつ。「人は高楼より山を望み、城壁に立って雪を眺め、燈檠《とうけい》の下に月を仰ぎ、扁舟のなかで彩雲を賞で、部屋にあって美人に対する。情景にしたがって情趣おのづから異なるものである。碧水《へきすい》は青山から流れ出る。水が山色を借りるからである。名詩は醇酒から生まれる。神興を酒に仰ぐからである」と。むろん、我われ日本人と中国の人たちの感懐がおなじであるとするには当たりませんが……。

これは林語堂からの引用ではないが、わが江戸期の奇人、蜀山人も「花の酒は瓢簞《ひさご》、月の酒は徳利《とくり》に風情あり。雨の日の新酒、雪の夜は古酒、独り飲みて興おこり、暖より冷やを好むを真の酒客といふべし」と申しております。

このように古典、先達から飲酒の気分を引くのはたのしいなぐさみ（ナグサメに非ず）なのですが、はじめだしたらキリがありません。そこで、先に挙げた酒をうたう支那の二大詩人、陶潜（淵明）と李白（太白）の絶唱の一、二篇を記してみましょう。（それにしてもここで、妻子とともに貧困のうちに放浪し、孤舟に五十九歳の病身で淪落の生涯を閉じた李白の親友。酒仙、酒客とはよべまいが精緻で憂愁の情に富んだ詩をおおく遺した、〝中国古今もっとも偉大な詩人〟（吉川幸次郎）である杜甫について。またこれも酒仙とはいえまいが、少量の酒で酔中の趣《おもむき》をよく解し、作詩二千八百のうち飲酒詩なんと九百余という、大先輩陶淵明の崇拝者。「林間に酒を煖《あたた》めて紅葉を焼き、石上に詩を題して緑苔《りょくたい》を掃《はろ》う」で閑適を詠《うた》った中唐の名詩人白楽天（白居易）について。この二者にともにふかくふれることのできぬを遺憾とするものです！）。

さて、その杜甫が友李白について詠《よ》んだ「李白一斗詩百篇」からもしれるように、李太白の酒は豪快な酒でした。

「両人対酌山花開く　一杯一杯又一杯」はかれのおおくの酒のうたのなかでも、よく人口に膾炙したものですが、「花間一壺《こ》の酒　独酌相親しむ無し」ではじまる〝月下の独酌〟は愛誦措く能《あた》わざるものであります。春の宵、月と李白と己が影の三人芝居。そして一壺の春醪《しゅんろう》。まさに春宵一刻値千金。

つぎのうた、〝月下の独酌〟第二首などいかがでしょう。

「天もし酒を愛さずば　酒星天になく
地もし酒を愛さずば　地に酒泉あるなし
天地已《すで》に酒を愛す　酒を愛して天に恥じず
已に聞く清を聖に比すと

またいう濁は賢の如しと

聖賢已に飲む　何ぞ神仙を求めん

三杯にして大道に通じ　一斗にして自然に合す

ただ酒中の趣を得んのみ

醒者の為に伝うるなからん」（聖は清酒《すみざけ》、賢は濁酒《にごりざけ》）

酒中の妙趣は上戸にしか判らんもの。下戸（醒者）に酒の功徳を伝うるひつようもなしとか。なかでも〝自然に合す〟とは酔の興趣気分を云い得て妙。この情緒感懐はひとと自然を峻別対置する二元論の西洋人には理解を超えるコトかもしれません。（「西洋思考の障害たる二元論を克服する」アンドレ・ブルトン※2）。

この李白の動の酒にたいして、陶淵明の酒は静の酒。李白の豪気にたいして淵明は静謐のひとでありました。しかし自賛の〝五柳先生傳〟に性酒を嗜むとあるように、その酒を好むことけして李白に負けてはいなかったようです。

東晋の興寧三年（西暦三六五年）、杜甫や李白の三百年いぜんに生を享《う》けた陶潜（字は淵明）は、北に廬《ろ》山（南山）を望む江州は潯陽《じんよう》の柴桑《さいそう》あるいはその南村に、生涯酒と菊を愛し、六十三年の天寿を全うしたのです。

そのかれの愛した菊と酒をうたった詩。

「秋菊　佳色《かしょく》有り

露をまとうて其の英《はなぶさ》をとる

此の忘憂の物にうかべて
我が世を遺《わす》るるの情を遠くす
一觴《いっしょう》　独り進むといへども
杯尽きて壺自《おの》づから傾く」云々（飲酒其七）

忘憂の物とはむろん酒のこと。憂いを払う玉箒《たまははき》。觴は盃、さかづき。菊の花房を泛《う》かべて、まさにこれぞ菊酒。そして琴を愛した淵明は、酔うて気分がのると、この琴を撫弄してこう宣《のたま》うのでした。「琴中の趣を得たり、なんぞ絃上の声を労せんや」と。なんとかれ淵明の愛する一張は一本の糸も張られていない無絃の琴だったのです。後世の白玉蟾《はくぎょくせん》という詩人は、その懶斎堂《らんさいどう》の賛のなかで「懶《ものう》ければ琴も執《と》らず、歌は絃上に死すればなり」とうたっておりますが、それはこの淵明の作に触発されたところもあるのでしょうか。

それはさておき、この詩中の「我が遺世の情を遠くす」の句は、あの有名な〝飲酒其五〟、

「廬《いおり》を結びて人境にあり
しかも車馬の喧《かまびす》しき無し
君に問う　何ぞ能《よ》くしかると
心遠ければ地自から偏なり」

の「心遠地自偏」を彷彿とさせるものがあります。このように人中に棲みながら田園の詩（ばかりではありませんが）をうたった陶淵明は、いうまでもなく、ただの隠遁のひとではなかったのです。

「小隠は山に遁れ、大隠は街に隠《かく》る」とか……。

おとなり、中国のいにしえの詩人たちにかかづらうことながく、本邦の酒仙にふれる余裕がなくなってきました。ふるくは万葉の大伴旅人、また吉田兼好、くだって蜀山人、宝井其角、大町桂月、藤田東湖などなど、ちかくは啄木、牧水らの歌人たち。そのそれぞれの歌にそれぞれの酒の気分が横溢しております。それにはべつの刻を俟つことになりましょうが、さいごに、なかでも代表的酒仙として、歌人牧水の歌を三つほど記して筆を擱きましょう。牧水の酒仙の酒仙たるユエンは、生家の記念碑に「生来旅と酒と寂を愛し自ら三癖と称せしが命迫るや静かに酒を含みつつ四十四歳の生涯を閉じたり」とあるをみても明白でありましょう。

白玉の歯にしみとほる秋の夜の
　酒はしづかに飲むべかりけり

ときをおき老樹《おいき》の雫《しづく》おつるごと
　静けき酒は朝にこそあれ

鉄瓶のふちに枕しねむたげに
　徳利《とくり》かたむくいざわれも寝む

※1　陶淵明＝とうえんめい（三六五～四二七）中国魏晋南北朝時代の文学者。隠逸詩人、田園詩人と呼ばれる。
※2　アンドレ・ブルトン＝（一八九六～一九六六）フランスの詩人、文学者。

第八章　承前・若山牧水の酒の和歌《うた》

ふるさとの尾鈴の山のかなしさよ
秋もかすみのたなびきてをり

明治十八年、このうたにある裏尾鈴の峭立を坪谷川の清流越しに見晴かす、宮崎県東臼杵郡東郷町坪谷に生を享けた歌人牧水については、前章の〝飲酒の気分について〟の末尾に少少ながらふれておきました。

旅と酒と寂をみずから三癖と称した牧水の酒の和歌《うた》、その生前七千首あまりものしたうたのうち、二百首になんなんとするこの酒仙の酒のうたは、飲酒の気分としてかたるにはあまりに重いのを充分に承知したうえで、先回の三首のように、それでもその横溢せし気分の儘に、ここにそのいくつかを記してみたいと念うこころを止めることができません。

さて、そのかれの酒のうたにはいるまえに、（僭越なことながら）、かれ牧水の人品骨柄を食養的に眺めてみることも、あながちムダとはならないでしょう。

ここに昭和三年一月と記された晩年（逝去の年）の牧水のゆうめいな写真があります。

しかし、晩年とはいえ、満で四十三歳の牧水は、生来の童顔も与《あずか》って、とてもその年の九月に永眠するひとの肖像とはおもわれません。

そして、その写真をひとめみて感ずるのは、かなり陰性を引きつけてはおるが（その特徴的な団栗眼、厚い口唇など）、肉食動物的なタブのまったくない耳朶、小兵、丸顔、猪首、またこのあと述べるかれの音声や性格からして、基本的には陽性の勝ったひとのようであります。であるからこそ、朝二合、昼二合、晩に四合、〆《しめ》て一升（呑んべえの量目はかならず増える）というかれの日毎の飲酒も頷首できようというものです。

その牧水の晩年まで附添った弟子、大悟法利雄氏に依れば、牧水若年のころ信奉した〝オール・オア・ナッシング〟（〝一切か無か〟。イプセン作中のコトバ）を一生の座右の銘にしたという。この激しい生活信条はあきらかに陽の性格をもつものでしょう。（ちなみに大悟法氏はこれを仏教の〝捨身《しゃしん》〟に通ずるものとみておられるが、それは如何なものだろう。やはり〝捨身〟は融和、綜合の一元論的東洋の所産と見做したく、〝一切か無か〟はいうまでもなく、肉食陽性の西欧的二元論、〝白か黒か〟〝正教か邪教か〟の世界のモノであります）。

また弟子大悟法氏は牧水の短歌朗詠はまさに天下絶品であったと申されております。「何とも言えない〝寂び〟を含んだ声」で、微醺《びくん》を帯びて自作のうたをその小柄な体躯から朗朗と朗誦するとき、「聴く者はことごとく魅了された」ということです。音声、声調の陰陽についてはＧＯ先生もふれておられますが、この逸話なども牧水の陽なるを語って間然するところなしというものでしょう。

そして、その体躯、起居動作の陽は、必然的に志向、嗜好の陰を引き附けます。劈頭の尾鈴の山のうたにもみられる〝かなし〟〝さびし〟の語句は牧水作歌中、愛用措く能わざる処のモノであるのは、これは周知の事実であります。むろん酒のうたにもたびたびでてまいります。

ここで注意すべきは、この〝さびし・かなし〟は作中文字どおりの意味につかわれることもとうぜんあるのですが、それよりもむしろ、喜志子夫人や黒木晩石氏も申されておるように、「〝喜び〟に対照する意味の〝悲しさ〟ではない」ということ。「取り敢えず表現すべき文字のないために」（喜志子夫人）、感極まりて、また無量の念いの表現のために、もっと云えばそれは、牧水の「愛するの至り」あるいは「有難しの心情」（黒木氏）に依るものではなかろうかということです。

それでは紙幅の恕すかぎり〝酔牧水の酒の和歌《うた》〟の旅をつづけることにいたしましょう。

（なおこれら牧水のうたを記すにあたっては、酒の大先達芝田喜三代（晩成）氏のパロディといってもよいものであることを明記しておきます）。

　　ちんちろり男ばかりの夜の酒を
　　　あれちんちろり鳴き出だすかな

（若年二十歳のころ詠んだという。その早熟の陽性！〝ちんちろりん〟という骰子《さいころ》賭博がある）

　　あな寂し酒のしづくを火におとせ
　　　この夕暮れの部屋匂はせむ

（炭灰に酒の雫をたらしても匂はせたい、この、小枝子のいない寂しさ、己がいのちの燃ゆるさびしさ……）

さびしみて生ける命のただひとつの
　道づれとこそ酒をおもふに

（この〝さびしみて〟はいかなる寂しか……）

かんがへて飲みはじめたる一合の
　二合の酒の夏のゆふぐれ

（「よさうか、飲まうか、さう考へながらいつか取り出された徳利が一本になり二本になってゆくといふ場合の夏の夕暮の静かな気持ちを詠んだものである」・牧水自歌自釈。
静かな独酌を好んだ牧水の酒は、二本が三本・・・・晩年の晩酌は六合を超え、〆て一升になる毎日だった‼）

白玉の歯にしみとほる秋の夜の
　酒はしづかに飲むべかりけり

（独酌、燗酒、それは寂の酒。しかしこの寂の秋の夜の酒は、歯にしみとほるような〝冷や〟の酒とかんがえたい。このように秋にはいって旨くなる〔これを〝秋上がり〟するという〕酒を〝ひやおろし〟と称す。
「秋かぜや日本《やまと》の國の稲の穂の　酒のあぢはひ日にまされ来れ」と牧水もこの〝冷や卸し〟を詠んだ。）

飲むなと叱り叱りながらに母がつぐ
　うす暗き部屋の夜の酒のいろ
（一升酒の異名をもつ故里の母が、叱りながらにも酌いでくれる、ふるさとのふるき家の、暗き部屋の夜の酒のさびしさ、かなしさ……）

ときをおき老樹《おいき》の雫おつるごと
　静けき酒は朝にこそあれ
（岩魚《いわな》釣りの日。峪をうめる朝靄に濡れて、昨夜呑みのこした酒を岩角に腰掛けてチクと啜るとき、傍らの山毛欅《ぶな》の老木は、靄のしづくか、いや、おのが樹下の腐葉より吸い上げた樹液だろうか、そのひろげた鮮緑の葉先に露を宿し滴をおとす。そんな情景をまのあたりにするとき、この牧水のうたを憶いだす……筆者独白）

たぽたぽと樽に満ちたる酒は鳴る
　さびしき心うちつれて鳴る

この樽の終《つい》のしづくの落ちむとき
　この部屋いかにさびしかるべき

酒樽をかかへて耳のほとりにて
　音をさせつつをどるあはれさ
（この樽は一斗樽だろうか？　持てるわけだからいづれ五升か一斗入りの小型の樽であろう。それにしても呑み助に酒樽はうれしきもの。第一首、たぽたぽとが実によい。この樽中の酒の鳴るに共鳴してさびしきこころも鳴り出だすのである。第二首、まだ樽中に酒はあるというのに、空樽になったときの己がこころの寂しさをもう予感する。「酔ひぬればさめゆく時の寂しさに　追はれ追はれて飲めるならじか」嗚呼！　第三首、踊る道化師牧水、もういうことはない）

鉄瓶のふちに枕しねむたげに
　徳利かたむくいざわれも寝む
（南会津の秋。その山懐の方がたに湯が湧き出づる。そんな露天の湯のひとつに浮かした水筒の酒。酒満タンのそれは首までふかく湯に没する。身体が温まるにつれて筒の酒にもほどよい燗がつく。飲むほどに酔うほどに湯に浮く酒筒も傾いてくる。眸《め》のしたの谿の水も冷たく、岩上の紅葉もいよいよ紅い。その水筒もとうとう底を浮かして横に寝てしまったとき、湯に浸かるひともそろそろの〝おつもりどき〟をしる……筆者独白）

泥草鞋《わらじ》踏み入れて其処《そこ》に酒わかす

この國の囲爐裡《いろり》なつかしきかな

居酒屋の榾火《ほだび》のけむり出でてゆく
　軒端に冬の山晴れて見ゆ

まるまると馬が寝てをり朝立の
　酒沸かし急ぐいろりの前に

（第一首、信濃の國の旅の途次。田舎家のいろり端。むかしのひとは酒を燗することを〝酒を烹《に》る〟〝酒を沸かす〟といった。第二首、村の居酒屋。酒を烹る榾火。その軒先から仰げば冬空は茄子紺いろにふかく澄む。遥けきかたの日本アルプスは白銀に輝く。第三首、そんな旅の宿の朝。出立まえというのに牧水は酒をにることは忘れない。傍らには馬が白い湯気を吐いて寝ておる）

それほどに旨きかとひとのとひたらば
　なんと答へむこの酒のあぢ

うまきもののこころにならべそれこれと
　くらべ廻せど酒にしかめや

人の世にたのしみおほし然れども

酒なしにしてなにのたのしみ
（そんな牧水にもいよいよ病の影が忍び寄る）

癖にこそ酒は飲むなれこの癖と
　やめむやすしと妻宣らすなり

宣りたまう御言かしこしさもあれと
　やめむとはおもへ酒やめがたし

（そしておきまりの止酒断酒。わが國蜀山人《しょくさんじん》、大田南畝《なんぽ》のうた「我が禁酒破れ衣となりにけり　さして貰おうついで貰おう」とか。云うまでもなく縫い針で破衣《はい》を繕うための刺すと継ぐとを酒を注《さ》すと注《つ》ぐに掛けたモノ。しかし牧水もむろんながくはつづかない）

いつしらず飯喰ひのことに心つかふ
　われのいのちとなりていにけり

酒やめてかはりになにかたのしめと
　いふ醫者がつらに鼻あぐらかけり

酒なしに喰ふべくもあらぬものとのみ

おもへりし鯛を飯の菜に喰ふ

膳にならぶ飯も小鯛も松たけも
　可笑しきものか酒なしにして

妻が眼を盗みて飲める酒なれば
　惶《あわ》て飲み噎《む》せ鼻ゆこぼしつ

（そしてついに牧水絶体絶命。進退ここに窮まるか⁉）

われはもよ泣きて申さむかしこみて
　飲むこの酒になにの毒あらむ

（むろん酒に毒なし。飲むもオノレ飲まぬもオノレ酒に責はない。陰も陽もモノの本質となれ、価値判断をいれるべからず）

そして最期の和歌《うた》。

酒ほしさまぎらわすとて庭に出でつ
　庭草をぬくこの庭草を

合掌

第九章　焼酎のはなし

「コニャックはワインの、ウイスキーはビールの、ラムは糖蜜酒の、また茅台酒《マオタイチュウ》は中国酒の焼酎である」・坂口謹一郎

先回までは主として醸造酒としての清酒（やワイン）に纏わるはなしをかいてきましたが、今回はすこしおもむきをかえて、日本酒（國酒）のもういっぽんの柱であります蒸溜酒としての"焼酎"というサケを、食養的にながめてみたいとかんがえます。

蒸溜酒といえば、序章にふれました、アメリカ合州国東海岸の大都会より興った、所謂"ホワイトレボリューション"（白色革命）のはなしを憶いだすかたはおられましょうか。

昨今はなん回めかの焼酎ブームだそうで、ふだんあまりアルコールを召し上がらないかたの関心も、お酒（清酒）よりも焼酎のほうにむきがちなことは、食養的見地からは、ある意味で象徴的な、興味ぶかい事実と云えましょう。

れいのマクガバン・レポートと刻をおなじうしてもちあがった米国のW・R（白色革命）が、ダー

カースピリッツ（濃色蒸溜酒）であるウイスキーやブランデーから、無色透明な酒精《スピリッツ》であるウォトカ（そしてジン、ホワイトラムなど）への鞍替えであったように、伝統的な焼酎産地ならいざ知らず、都会に棲むひとたち（米国の例のように）の、W・S（ホワイトスピリッツ）である焼酎への〝熱い視線〟には、たぶんにかんがえさせられるモノがありますね。

そんな常日頃の念いが、つい「焼酎しか飲めない（飲まないではなく）ようになったら、キミの飲酒人生もおわりだネ」というような、不用意なジョークとなって口から漏れ、各処で顰蹙を買って歩くコトにもなるのです。

閑話休題《それはさておき》、陰陽相補の原理からいっても、アルコール度数がその基である醸造酒の三倍から十倍とたかく、またより純粋物質にちかい蒸溜酒は、温暖地になるほど身体にやさしく、反対に寒冷の地ほど短期的効果と長期的効果に差があらわれ、またそのたかい冷効果に依って身体に厳しい影響を与えます。しかしロシア作家の小説などをよむまでもなく、あの極北の地の過酷な労働と峻烈な寒冷ストレスは、そこに棲むものを一時的とは申せ、ウォトカなどの火酒の持つつよい慰楽的効果やリラックス効果、もっと忌憚なく云ってしまえばその現実逃避効果に頼らせずには措かないのです。それは程度の差こそあれ、わが北海道が過去、甲類《こうるい》焼酎（ホワイトリカーともいい、より純アルコールにちかい）の消費で群を抜いていたという事実が、その間の消息をあきらめておるではありませんか！

このように、九州南部や沖縄に於いては蒸溜酒文化は陰陽の理にかなった飲酒形態とみてよろしいでしょう。しかも、冷効果のつよい世界の蒸溜酒のなかにあって、わが焼酎（一般的には乙類《おつるい》）はひくめのアルコール度数（原酒で三四度から三六度。二五度前後に加水した商品がふつう）をもち、後述のようにお湯割にして飲まれることがおおいので、温冷効果はすこし陽寄りに移り、九州、沖縄とかぎらず、温帯日本に棲むものにとっても、まことに好適な蒸溜酒となっております。これすなわち身土不二といえましょうか。

蛇足になりますが、現在の北海道では乙類焼酎（本格焼酎とも称す）もよく飲まれております。そして所謂ウメ割り、ウーロン茶割りなどにつかわれる甲類と、生《き》のママのストレート（といっても、さきのとおり商品としてたいはんが已に二五度に割り水してある）かお湯割で飲まれるコトのおおい乙類との二極化は、これまた北海道のみならず、おおくのひとで賑わう全国各地の居酒屋の例をみるまでもないですね。

しかしまた、そのいっぽうで減圧蒸溜機使用に拠る低沸点物質（陰性）中心の抽出といった酒質の淡麗化《たんれいか》（中・高沸点物質が抽出されにくくなるため、雑味成分を含め相対的に内容成分が淡《うす》くなる）、そして陰性化、あるいは（あろうことか！）イオン交換樹脂膜使用に拠る高純度化といった、これまた陰性化の全盛であるのは、酒もまた時代を映す鏡というものでしょうか。原料的には中庸付近から陽性寄りの麦や米あるいは蕎麦にこの例がおおくみられるのも、なんとも皮肉というものではありますな。

●沖縄の焼酎

沖縄の焼酎、泡盛では古酒を〝クース〟とよんでおりますが、これはかのスペイン国シェリー酒にみられる〝ソレラ・システム〟に似た〝仕次法《しつぎほう》〟と名附ける方法に拠って、年年の飲酒目減り分を補いおぎないしながら、かの地の由緒ただしき名家にては百年物の古酒《クース》を貯える例もあるやに聞きます。宮古島のふるい歴史ある酒造場に並んだ甕貯蔵のクースを、蔵人さんが柄杓で酌んでくださり、それを蔵内《くらうち》で飲ませていただいた味は、いまだにわが脳裡から去らずにおります。

この酒の古酒化、長期熟成化は、いうまでもなく時間の陽、積算温度の陽に依る強力な陽性化で、さしもの極陰性の蒸溜酒も（ブドウ出来のブランデーですら）、三十年、五十年、あるいは百年の刻を経過するにつれ、その陰の鉾先を収めはじめるものです。ちなみに、前述のアワモリのクースだけでなく、コニャック（銘醸のブランデー）にもセンチュリー物が存在します。ウソかマコトか⁉南極越冬ちゅうにその百年物のコニャックを口にしたことがあります。しかし、わが拙い経験の裡《うち》では、いまだ陰が弱まり収まって陽にまで転換した酒は、ざんねんながら己が咽喉《のど》を通過したおぼえがありません……笑。

第十章　おとなり中国の酒のはなしのまえに

「僕も行くから君もゆけ
狭い日本にゃ住み厭いた
波《なみ》隔《せ》く彼方《かなた》にゃ支那がある
支那には四億の民が待つ」・馬賊の歌[※1]

わが国の約二十五倍の面積といわれる隣国中華人民共和国の広袤はおよそ一千万平方キロ米。それは北辺をゴビ・モンゴルの沙漠が劃し、南境をシーサンパンナ・雲南などの温暖多雨林に、また東方（正確には東北方）を寒地針葉樹林に覆われた大・小興安嶺《シンアンリン》（それはロシアに越えればシホテアリンや沿海州に連なる）などの丘陵に依って塞がれ、西端はタクラマカンやヒマラヤ・チベット高原を擁する沙漠と高地にその以西を扼《やく》され、そして肥沃な国土の東方中央（中原）をご存知黄河・揚子江の二大河川が、西から東へと長大な流れを悠久のむかしより渤海湾および東シナ海に灌ぎつづけております。

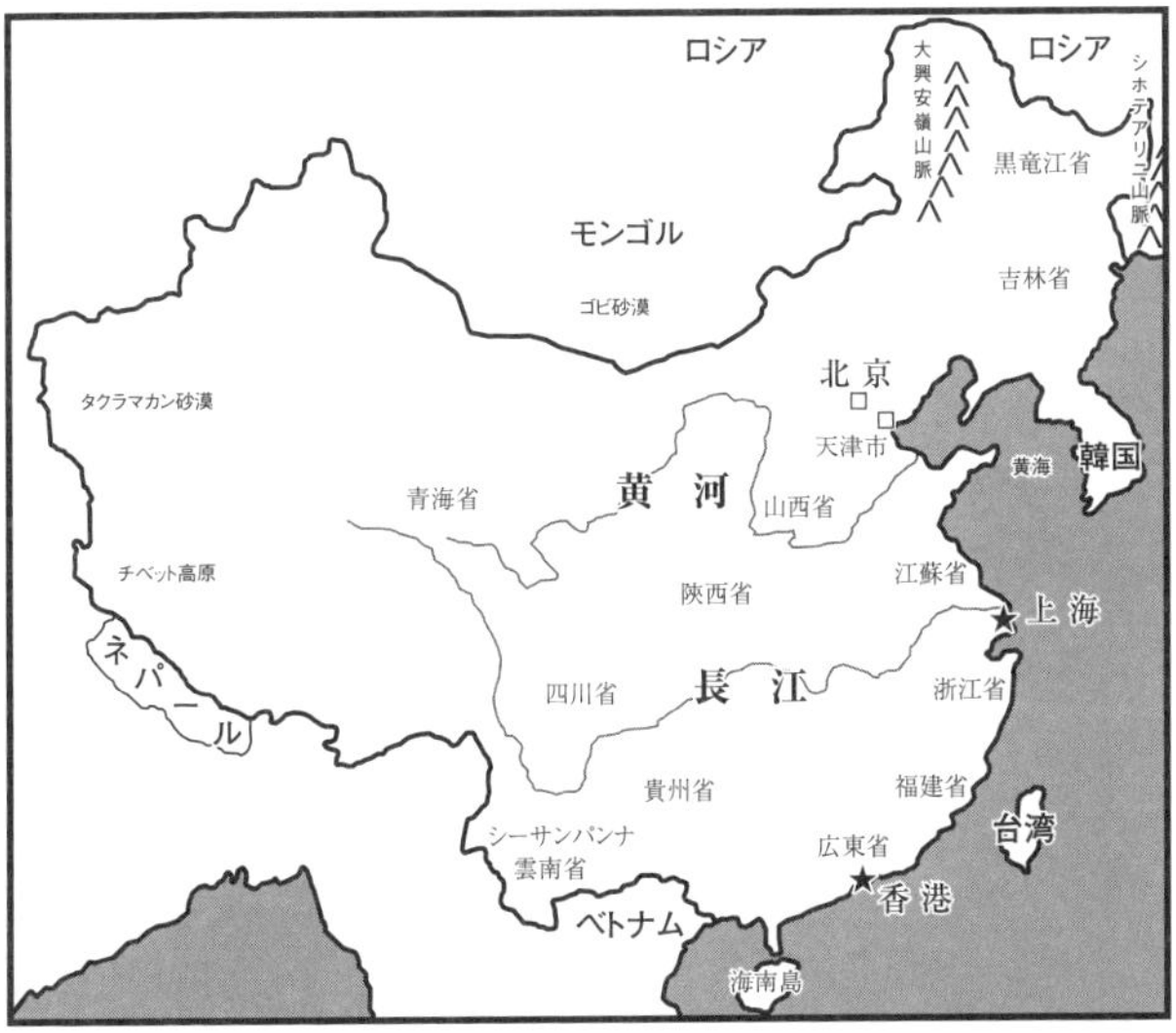

そのなか、漢族、蒙古族、トルコ族、チベット族、満州族の五大民族のほか、多数の少数民族、十三億の民といわれる無数の人びとが、この涯てなき国土に散っておるわけであります。まさに李白の〝白髪三千丈〟も生まれて宜《むべ》なるかな。

これら多様な気候と地理、くわえて多様な民族とその永い歴史の混淆が、中国という国の食と酒をも、また頗《すこぶ》るつきにバラエティー豊かなものにしているのです。むろん云うまでもなく、ご当地の酒と食の〝身土不二〟をきわめて興味ぶかいものにしているのも、この多様性に拠ってたつものなのであります。

桜沢如一の『食養・中國四千年史』をあらためて繙《ひもと》いてみますと、この広大無辺な国土とその永い歴史に興亡した王朝のさまが、まるで絵巻物をみるように浮かびあがってまいります。

しかしそれは、ひとことにつづめて云ってしまえば、GO先生[※2]のおっしゃるごとくに、南（陽の土地）の陰性でもの静かな民族と、北（陰の土地）の勇猛果敢な陽性の民族とに依る、涯てしのない交替劇だったのです。

堯舜、夏、殷（△）、周（▽）、秦（△）、漢（▽）、三国（△）、晋（▽）、南北朝（北朝・鮮卑族・△）、（南朝・漢族・▽）、隋（△）、唐（▽）、五代（△）、宋（▽）、元（△）、明（▽）、清（△）。ごらんなさい！　この万華鏡のようにみえながら、じつは単純明快な、みごととしか云いようのない、陽（△・戦争・短期）と陰（▽・平和・長期）の交替のさまを。これぞまさに〝身土不二〟というものではありませんか。

かの林語堂も『わが祖国、そしてわが同胞』（My Country and My People、現在は〝中国、文化と思想〟として鋤柄治郎氏訳が講談社学術文庫の一冊となっています）という本のなかでこうかいております。

「李四光博士は〝中國における戦禍の周期的循環〟と題する論文のなかで、中國歴代の戦乱に関して統計的研究をなし、中國の平和と戦乱の循環には偶然性の範囲を遥かに超えた、人類の歴史発展の規律からは予測のつかぬほどの非常に正確な周期性があることを証明した。

李博士の説に従えば、中國の歴史は八百年を一周期として循環しているということである。各周期の開始は、短命だが軍事的に強大な王朝が数百年にわたる内戦を終結させ、中國を新たに統一するところから始まる。この後、四、五百年の平和な時代が続く。その時期が過ぎると王朝はまた一度交替し、続いて内戦が次々と勃発する。その結果首都は北方から南方へと遷都され、南北対立の局面が形成される。云々」（傍点筆者）。

「予測がつかぬ」とした林先生や李博士は、これが身土不二に由来する陰陽交替劇であるところまでは看破されませんでしたが、その南北の王権交替の周期性には気がつかれておったようです。

しかしこれが解ければ、万里の長城はじめ世界の長城、防衛線、それはリメス長城[※3]やハドリアヌス長城[※4]、マヂノ線[※5]、朝鮮半島三八度線、南北ベトナムなどなど、そのことごとくが南北にではなく、東西にこそ長く延びている理由《わけ》も、それこそワケなく判ってしまうでしょう。そして、平和の時代が古代に遡ればさかのぼるほどながく、現代にちかづくほどみぢかくなり、また戦争の刻が頻発するワケも！

また林氏は同書のなかでこうもかいておられます。

「北方の人間は単純素朴な思考法と艱難に満ちた生活に慣れ、背が高く、がっちりした体格をしており、性格は誠実で快活、ニンニクを齧り、冗談を愛する自然児である。あらゆる点で蒙古人に近く、上海《シャンハイ》および浙江《チョーチャン》一帯（注・南の陽の土地）の民衆に較べれば遥かに保守的であり、民族の活力に溢れている。……中略……それに対して長江（揚子江）の東南流域（前記浙江や福建《フーチェン》）には全くことなるべつのタイプの住民が生活している。彼らは安逸な暮らしに慣れ、教養があり、世故に長け、頭脳は発達しているが、体力はなく、静を愛し、動を蔑む性格の持ち主である。男は滑らかな肌をしているが、発育不全。女はすらりとしているが、虚弱。燕の巣のスープを飲み、蓮の実を食す美食家である。……略……顕著な事実としては、北方の人間は本質的に征服者であり、南方の人間は本質的に商人であることだ。武力によって政権を奪取し、自己の朝代を打ち立てた者のなかに、南方出身の者は一人として現れていない云々。……（そしてこう云うのです）……かりに南方出身の将軍に北方の軍隊を指揮させれば容易にこうした差異に気がつくことであろう」と。（傍点あるいはカッコ内は筆者附す）

これもまた、みごとな〝身土不二〟であります。この身土不二の有様はこと人間と限るものに非ずして、すべての動物、植物に然りであることは、桜沢如一の『生命現象と環境（身土不二の原則）』をご覧あれば一目瞭然。しかしここからもういっぽ歩をすすめて、同じく桜沢如一の『イワナとキノコ』にある〝形態と本質〟にはなしを向けなければならないでしょう。これは〝表裏の法則〟とも云え、〝みかけと内実〟、〝現象と作用〟、〝構造と機能〟と云い替えてもよろしく、それは一般的には（一見複雑錯綜としている場合でも、それをひとつずつ、丹念に解きほぐしてゆけば）その性が片方が陰ならばもう一方は陽と反対になる、という拮抗的な関係（それは相補的でもある）といえるというものです。

例を挙げてみましょう。

北極（▽）に棲む白熊の形態は、その名のとおり毛色は白色（▽）で姿形は大型（▽）、しかし熱帯産（△）の黒熊は黒色（△）小型（△）なのです。ところがその食性と性質（本質）は反対に前者北極熊は動物食（△）でその性は獰猛（△）、また後者インドの黒熊は植物食（▽）で穏やかな性質（▽）、おもしろいものですね。むろんこの白熊と黒熊のあいだには、北から順に灰色熊（グリズリー）、褐色熊（ブラウンベア・羆《ひぐま》）、月の輪熊（中型黒熊、喉に白色半月紋）の変異（陰から陽へ）がみられ、その食性も肉食と草食のあいだに雑食を挿みます。とうぜんその性質も漸進的な変化（こんどは逆に陽から陰へ）をみせるのです。

これは人間もまたおなじこと。たとえば毛髪や皮膚の色を北から南へと追ってみましょう（ところで南半球ではどうなるでしょうか?調べてみるのも興味ぶかいモノです）。

寒帯スカンジナビアの人びとの白にちかいやわらかなブロンドから亜寒帯・北欧のみごとなブロンド（金髪）、中欧の茶髪・赤毛、南欧の黒髪、そしてもっと南、熱帯圏まできますとつよくて太い、縮れた黒髪となります。皮膚の色もまた北欧の長身白皙からはじまって、どうように変化してゆきます。むろん体格も大から小へと移ってくるのです（これらはすべて陰から陽への変化）。だがしかし、その人びとの食物と気質は熊の例とおなじく正反対に現れます。ですからむかしのひとは「ヤサイを食べるとヒトはヤサシクなり、ニクを食べるとニクラシクなる」などと云ったものです……（笑）

おわりにこの身土不二を前述の長城の謎と絡めて、いまいちど解いてみましょう。

〝リメスの長城〟というものがありました。ローマ時代のはなしです。それはライン・ドナウの両大河に沿った長大な防衛線で、造ったのはローマ人。当時のローマ領土とゲルマニア（現代のドイツとその周辺）を、それは双方に隔てるものでした。

ゲルマンの民を蛇蝎のごとく嫌っていたローマ人にとって、その長城の造築はとうぜんの要求でありました。しかしその実、当時ゲルマニアの地を実際に踏んだローマ人は、まったくと云ってよいほどいなかったのです。その嫌悪の情は噂がうわさを呼んだことだったのかもしれません。

その数すくないローマ人のひとりであるタキトゥス※6は、かの地の見聞を有名な〝ゲルマニア〟という本に纏めました。その本から想像するところ、ゲルマン人は身の丈六尺を超すような長身巨漢、しかもライオンのたてがみのような房ふさと豊かな金髪、そして碧眼、一見きわめて戦闘的な蛮族のごとくにおもい描くことができましょう。（タキトゥスによるじっさいの記述はスコブル簡単明瞭、即物的とも云えるモノですが)。

かたや生粋のローマ人はどちらかと云えば小兵そして黒髪(ここで先述の南北に於ける人間の形態と本質の変化を憶いおこしてください)。これではローマの人びとが蛮人ゲルマンとして恐怖心を抱くのも無理はないのかもしれません。しかし、このはなしにはオチが用意されております。中国の北方民族の勇猛が南を侵したようには、この北の民族ゲルマンの側からの進攻侵略は事実上なかったらしいのです。ローマの側が一方的に恐れていただけなのでしょう。この時代のゲルマニアの民は、その恐ろしげな外貌に似ず、案外こころやさしい人びとだったのかもしれません。

それを解くひとつのカギは、ゲルマニアの地が鬱蒼たる針葉樹林に囲繞《いにょう》されており、そのかれらが森棲みの民族ということにあるのではないでしょうか。そしてまた、近代のドイツ人が欧州諸国のなかでもゆうめいな肉喰い民族であるのに較べ、そのとうじはゲルマニアに限らずヨーロッパ大陸全体でみても、現代ほど肉食の占める割合はたかくなく、簡素な穀類の粥食などを主食としていたようでもあります。

さてさて、中国の酒のはなしのまえに、この国の身土不二のおもしろさに関心を惹かれ、そこからまた話題がひろがっていってしまいました。

※1　「馬賊の歌」作詞宮島郁芳。作曲不肖(一九二二年大正十一年)

※2　GO=ジョージ・オーサワ。桜沢如一のフランスでの筆名。姓名をオーサワ・ジョイチと読み替えたもの。

※3　リメス長城=ローマ帝国の国境

※4　ハドリアヌス長城=イギリス北部アイルランドとの国境

※5　マヂノ線＝フランスとドイツの国境
※6　タキトゥス＝紀元五五年頃～一二〇年頃の帝政期ローマの政治家、歴史家。

第十一章　中国の黄いろい酒と白い酒のはなし

第九章〝焼酎のはなし〟の劈頭《へきとう》に、坂口謹一郎先生の「茅台酒《マオタイチュウ》は中国酒の焼酎である」ということばを掲げさせていただきました。

そこで今回は、先回中国国土の身土不二に係《かか》らうこと永く、とうとう酒のはなしにゆきつけなかった、その中国酒の焼酎（蒸溜酒）である所謂〝白酒《パイチュウ》〟（代表的なものに前記〝茅台酒〟や〝汾酒《フェンチュウ》〟などがある）と、わが国の清酒の兄弟ともいえる、米を主体とした穀物の醸造酒〝黄酒《ホワンチュウ》〟（よくご存知の〝紹興酒《シャオシンチュウ》〟など）をとり挙げてみたいとかんがえています。

ただし、果実原料由来の醸造酒であるワイン（なかでも〝葡萄酒《プータオチュウ》〟）は、本質的には他国のワインとかかわりなく、それに就いては第三章三〇、三一ページでに述べさせていただきましたので、ここではごく簡単にふれるつもりでおります。

それでは中国酒の〝温冷効果〟（陰陽の原理）について、黄酒、白酒の順ですこし詳しくおはなししてみましょう。これからのはなしは中国酒の温冷効果にせよ、その身土不二にせよ、中国酒特有の複雑な醸造過程がからみ、すこし専門的でわかりづらいモノに陥るオソレはありますが、これまでの章の醸造のはなしをもういちど見返していただければ倖いです。

●清酒と黄酒《ホワンチュウ》のちがい

さて、日本の清酒にあたる中国の醸造酒〝黄酒〟は、清酒とどうようの米の酒でありながら（〝即墨老酒〟のように雑穀原料の黄酒もある）、その原料、製法、酒質に於いておおいなる相違をみせております。ここでその詳細にふれることは避けますが、温冷効果にかかわってくるいくつかの重要な点のみ挙げてみましょう。

まずその含有する有機酸については、ひとことで云えばわが国の清酒は〝コハク酸型〟（それにリンゴ酸、乳酸）、対して黄酒、たとえば代表的な紹興酒は〝乳酸型〟（それに酢酸、フマール酸）といえましょう。

しかもその総酸量は黄酒が清酒の約三〜四倍（ちなみに味のモトともいえるアミノ酸も同程度）とおおくなっています。この黄酒の乳酸は、第六章で詳述しました寺田本家の〝菩提酛《ぼだいもと》〟に似た〝漿水《しょうすい》〟（くされ酛・乳酸酸性）に依るとされております。そしてこの両酒の含有するコハク酸も乳酸も、もうすでにたびたびご案内のように、基本的に冷効果をもつ酸のなかでは、比較的冷効果のよわい有機酸なのです。しかもこの両有機酸は藤原・渡辺氏提唱の〝温旨酸系《おんしさんけい》〟なのですから、黄酒が温めて（燗をつけて）おいしくなるのもムベなるかな。そして紹興酒の酸量（▽）のおおいことは、アミノ酸（△）のおおさからくるクドさを和らげるに功ありなのです。

しかしまた、その多量の酸に由来する冷効果のつよさは（酸自体は云うまでもなくすべて陰性）、含有する有機酸やアミノ酸や残糖分を調熟《ちょうじゅく》するために必要な熟成（時間の陽・積算温度の陽・火入れ殺菌の陽）の期間をながくとることに依り、その陰性（冷効果）をよわめる方向にはたらきますから、先にのべました乳酸の特質（冷効果よわい）との相乗効果で、けっきょくのところ清酒にちかい温冷効果をもつものとなるでしょう。そしてその長期熟成貯蔵中の糖とアミノ酸の重合（化合）に依る〝メラノイジン反応〟（褐変化現象《かっぺん》）も黄酒（まさにこの反応由来の色ですね）を陽方向（温効果寄り。茶褐色は陽の色）としているひとつの証《あかし》と云えるでしょう。

ちなみにつぎにのべる白酒とは反対に、中国の醸造酒はこの黄酒（穀物酒）、葡萄酒はじめほかのおおくの果実酒も総じて甘口（甜酒《てんしゅ》）がこの国の人びとに好まれている事実（むろん辛口の紹興酒やワインがないワケではありませんが）を、食養的にかんがえてみるのはオモシロイことです。杜甫や李白の好んだ酒はアルコールが淡《うす》いかわりにさぞや甜《あま》い酒だったことでしょう。現代になって技術はすすみアルコールこそ濃い酒になりましたが、中国の民の嗜好はかわらず連綿として受け継がれているかにみえます。たしかに李杜の時代に高アルコールの酒は造り難いものだったでしょうが、現代中国の甘口嗜好は、彼ら中国人民の労働のハゲシサ（陽）が必然的に求める甘味（陰）によるリラックス効果（陰）のもたらしたものと云えましょう。

●白酒《パイチュウ》について

つぎに蒸溜した酒としての白酒に眸《め》をむけてみましょう。

世界の数ある蒸溜酒のなかでも、もっともアルコール度数のたかい酒（六〇％〜六五％、しかし現在は稍すくなくしている）に属する中国の白酒は、その高アルコールであることそのものが、その冷効果のつよさの拠ってきたる理由《わけ》のたいはんを説明しています。そしてその白酒の高アルコール度数の秘密が、中国白酒独有の製法であります所謂〝固体醗酵〟に拠るものであることは申すまでもありません。しかし〝白酒醪《モロミ》〟の六％前後というひくい含有アルコールから、ただいちどの蒸溜操作でいっきに六〇％もの高アルコールが得られるという事実は驚異でありましょう。これも世界ぢゅうのほかのすべての蒸溜酒の醪《モロミ》が液体であるのとはおおきく異なり、白酒醪が固体であるお蔭というワケなのです。

すこし込みいったハナシになります。五〜六％アルコールの液体モロミからは一回の蒸溜操作では理論値では三〇％ほどのアルコールしか採れないはずで、それを六〇％までにするにはもう一回蒸溜する二度蒸溜のひつようがあるのです。しかしここでよくかんがえてみましょう。液体ではなく固体モロミの六％とは、あくまで含有する液体以外の固形物をも含めた〝酒醅《しゅばい》〟（固体醪）全量との比なのであり、固体醪中の含有水分のみに対しての比率はとうぜんもっとたかいワケで、純粋アルコール水溶液に換算すれば、それは理論値三〇％ほどになるとかんがえられます。それとどうじに層をなす固体醪のなかを気化したアルコール蒸気と滴下する液体アルコールが往復するとき、連続式蒸溜機とおなじ原理でアルコールの濃縮化も進行するのです。

しかもそれは、後溜（末垂れとも云う）の一〇数％まで採る（そのぶん水分も高沸点物質もおおい）わが国の焼酎とちがい、高アルコール度数の部分だけで蒸溜がおわってしまう特異な製法といえましょう。そして、云うまでもなく、この特異醸法も白酒の冷効果をつよめるコトにおおいに寄与しているのです（純粋物質の極陰性）。

　またその蒸溜の全工程をつうじてみますと、さいしょの低温蒸気で蒸溜（ちなみにエチルアルコールの沸点は七八・三℃）する〝酒頭《しゅとう》〟（初溜）の時期には低沸点物質であるアセトアルデヒドやフーゼル油（高級アルコール類）などの刺激臭の強烈な物質（極陰性）が主体である酒精《スピリッツ》（エチルアルコール）とともにでてきます。そしてつぎの〝酒身《しゅしん》〟（中溜）ではこのスピリッツとともに中・低沸点の各種エステル類や高級アルコール類などの必要成分の蒸出となり、さいごの〝酒尾《しゅび》〟（後溜）で高沸点の脂肪酸エステルやフルフラール（焦げ臭）などの異臭物質の出番となり蒸溜を終了いたします。そして白酒に於いては日本の焼酎と異なり、一般的には中溜である〝酒身〟のみにて製品とすることがおおいようです。なかには〝酒頭〟（初溜）をたいせつにする蔵もあるようですが。ということは香気成分（香りの本質は陰性、冷効果）としては、低・中沸点物質が中心となり、ここでもまたその冷効果をつよめる方向にあるというコトになります（低沸点物質の陰性）。

　それにしても「香気芬芬《ふんぷん》、満室皆香」ということばどおり、白酒のその強烈な芳香はじっさい頭がクラクラするほどであり、まったく世界にその類例をみいだせないホドのものなのであります。

●中国酒の身土不二

　さてここまで黄酒と白酒の〝温冷効果〟にかんするファクターについて、様ざまな角度から眺めてきました。

　それではこれから中国酒の〝身土不二〟について、前章の中国国土を憶いだしながら、いまいちどかんがえてみましょう。

もうすでにお判りのように、北辺の地（白酒の主産地のひとつ）に於ける蒸溜酒（白酒）の長期的、習慣的飲用は、人体にたいして想像を超えた厳しさをもたらすことでしょう。しかしそれが判ってはいても、北方寒冷地の民にとって、その日びの烈しい労働や厳しい寒冷ストレスを凌ぐために、一時的な慰楽要素やリラックス効果（ともに身体を緩める陰性効果）のたかい、つよい酒（蒸溜酒）がひつようなのです‼

白酒の生産地は先にかいたように、海辺から離れた内陸の地、高標高の地、そして北辺の地（ともに陰の土地）、具体的には四川省、貴州省を中心に陝西省、山西省、また東北各省の酒であります。それは東南温暖地帯、あるいは海辺の地（ともに陽の土地）、ゆうめいな紹興酒の故里浙江省を中心に福建、江蘇、安徽、広西、広東各省で造られ飲まれている黄酒とは、ある意味で対蹠的な事実であると云えましょう。

それを従来から云われるような原料の問題（北辺・白酒の高粱《こうりゃん》と麦、対する南辺・黄酒の米）、あるいは水の問題（沿岸の良水と内陸の不適水）とだけで片づけてよいものでしょうか。むろんこれらにもおおいなるワケがありましょう。たとえば高粱の陽性と米の陰性。そして比較的陰性な麦を麹という陰性に使用するみごとさをみよ！

しかし、もういちどおもいかえしてください。すべてのアルコール飲料の本質は程度の差こそあれ〝陰性・冷効果〟にあるのでした。ここはきわめてたいせつなコトで、ここがきっちりと解けていないと、けっきょく最終的にはすべての問題をただしく解くことができません。この点、中医学、漢方（和方）の理解には、ただしく出発したとかんがえられる伏義《ふっき》の〝易〟から時代を経るに随って、その方向に変化（これをある種の混乱、と云ったらいい過ぎでしょうか）がみられるようです。食物の五味（食養でいう六味・辛酸甘鹹苦渋）と四気（陰＝寒・涼、陽＝温・熱）をみてもそれが判ります。たとえば酢、醤油、塩、ショウガ、トウガラシ、ゴボウ、あるいは酒の扱いをご覧なさい。その温・冷のあつかいが、しばしば食養とぎゃくになっております。それは古典として著名な『黄帝内経《こうていだいけい》・素《そ》問《もん》、霊枢《れいすう》※1』あるいは『傷寒論《しょうかんろん》※2』『金匱要略《きんきようりゃく》※3』などを探ってみても、どうもいまひとつはっきりとしません。（まあこれは、当方の漢方理解の未熟さに、その責のたいはんを帰するコト吝かならずではありますが……）。

その探検のけっかは〝実践ありて原理なし〟〝事実ありて統一理論なし〟ともいうべきモノでした。まあ古来より理論建てはニガテといわれてきた漢民族の、これは習性なのかもしれませんね。

●短期的・即効的効果と長期的・習慣的効果

しかし、その混乱はいったいどこからきたモノなのでしょう。

じつはそれは、とてもカンタンなことで解けるのでした。どうもそこには〝タイムスパン〟（時間的経過）の問題にたいする不徹底あるいはその感覚への欠如（河清百年を俟つお国柄です）があるようなのです。

食物の温冷効果（陰陽の効果）には〝短期的・即効的〟なものと〝長期的・習慣的・本質的〟なもの（それは〝量は質を殺す〟あるいは〝大量の陰と少量の陽の法則〟と云ってもよいでしょう）とがあるコ

トを見落としていたというワケです。この見方（マホウの眼鏡[※4]）でうえに挙げた酒はじめ各種食品を眺めてご覧なさい。もののみごとにギクシャクとしていた閊《つか》えが溶けていくではありませんか！

明代のひと李時珍[※5]は高名な『本草綱目』（一五九六年刊）のなかで焼酎（白酒）についてこんなコトをかいております。いわく「焼酎純陽毒物」、つづけて「北人四時飲之・南人止暑月飲之」。さいしょに「蒸溜酒は極陽性」だと云っておき、「寒地のひとは一年中それを飲むが暖地のひとは暑さを止めるとき（夏期）にそれを飲む」と。またべつに「北方人は習慣となっているが南方人は気軽にそれに手をだしてはいけない」とも。ですが焼酎の温効果を期待して北方人がこれを飲むなら、南方人が暑気払いに飲むのは理屈にあいません。ちなみに、貝原益軒は「夏月は伏陰内にあり、又表ひらきて酒毒肌に早くもれやすき故、少しのんでは害なし。他月はのむべからず」と申しております。

しかし食養、身土不二の眸でこれをみれば一目瞭然。身体を冷やすちから（冷効果）のつよい蒸溜酒は南方人あるいは夏期にはよろしいが（中南米諸国のラム、テキーラ）、北方人あるいは冬期には酷いモノがある（エスキモーとアイスクリームの比ではない??）ことはいぜんかいたとおりなのです。そしてこの李時珍先生の焼酎のはなしも、焼酎の純陽（極陽性）は短期的、即効的なもの。本質的にはつよい陰性（冷効果）のモノなのです。北地に棲むひとにとっては即効的な効果しか期待できない蒸溜酒の飲用も、この項のはじめにかきましたように、それでも飲まずにはいられない峻しい労働と寒冷ストレスなのでありましょう。ここに李先生の混乱がみられます。タイムスパンというかんがえかたがいかにたいせつであるかが判ります。

それかあらぬか、現在の中国政府はその国家政策として蒸溜酒（白酒）の製造量を減らし、そのかわりに醸造酒を増やすことにしていると聞き及んでおります。むろんこの醸造酒のなかには黄酒はいうまでもなく葡萄酒《プータオチュウ》（ワイン）も含まれており、このうちドライワインの消費も大都会を中心になかなかの伸びをみせておるようです。蛇足ながらご当地でもご多分に洩れずビール（啤酒《ピーチュウ》）の飲用はきわめて盛んであります。云うまでもなくビールは醸造酒御三家のひとつですね。ちなみにげんざい、中国国内の飲酒量のパーセンテイジは、白酒六四％、黄酒一九％、ビールその他一七％ほどと聞いております。しかしじっさいにはビールの消費量はもっとたかいものとかんがえられます。

それにしましても、このパイチュウからホワンチュウへの鞍替え政策の翳に、陰陽の理《ことわり》を伝統とする支那中国の素顔をみたような気がいたします。

※1　黄帝内経・素問・霊枢＝中国最古の医学書（前漢時代編纂）。素問九巻。鍼経九巻。七六二年唐の王泳の「素問」「霊枢」が伝えられている。

※2　傷寒論＝後漢末から三国時代に張仲景が編纂した伝統中国医学の古典。古今東西に類なき治療学の最高指針と高く評価される。

※3　金匱要略＝約二千年前に書かれた漢方医学の古典医学書

※4　マホウの眼鏡＝桜沢如一に『魔法のメガネ』がある。

※5　李時珍＝（一五一八～一五九三）中国明の時代の医師で本草学者。『本草綱目』を著す。

第十二章　酒を煖《あたた》めるはなし

「林間に酒を煖《あたた》めて紅葉《こうやう》を焼《た》き
石上に詩を題して緑苔《りょくたい》を掃《はろ》ふ
惆悵《ちうちゃう》す舊遊《きういう》また到るなきを
菊花の時節君の廻《かへ》るを羨《うらや》む」
白楽天

さて、この章ではさけをあたためるハナシ、酒の燗のはなしを温冷効果（陰陽の原理）ですこし分析してみたいとかんがえています。

いぜん、〝飲酒の気分について〟にも載せました冒頭の詩の作者白居易（字《あざな》は楽天）は、その詩集成である有名な『白氏文集《はくしのもんじゅう》』をもって、わが国でもふるくからよくしられた存在でした。

『徒然草』のなかで兼好も「あはれ、紅葉《もみぢ》を焼《た》かん人もがな」（第五十四段）とかいております。後京極摂政も「木のもとに積るおちばをかきつめて　露あたたむる秋の杯」（〝露〟は酒の異名）と詠んでいますし、くだって江戸中期の俳人、蕉門十哲の一、宝井其角のパロディに「紅葉《もみじ》には誰《た》がおしへけむ酒の燗」の句があります。

また『和漢朗詠集』、ひいては『平家物語』の〝紅葉の事〟がこの白居易の詩に縁由することは、これもよくしられたことでありましょう。

高倉帝（在位一一六八〜一一八〇）の御世、近従の信成と申すものの留守ちゅう、御所警護にあたる田舎の仕丁が寒さに堪らず、御所内の紅葉の枝をへし折って焚火し、酒を温めて飲むという不始末に、帝すこしも怒らずかえって無知なる田舎仕丁の風流を褒めたというエピソードも、この著名な白楽天の史実を踏まえておるのです。

そのむかしより燗をした酒は〝煖酒《あたたさけ》〟〝温《あた》か酒〟などとよばれていましたし、酒に燗を附けることを〝酒を沸かす〟〝酒を烹《に》る〟と表現しておりました。（「とろとろと榾火《ほだび》もへつつ烟《けむり》たち　わが酒は煮ゆ烟の蔭に」牧水）。

酒をあたためる季節も江戸期の澄酒《すみざけ》の時代になって、一年ぢゅう酒に燗を附けるようになりましたが、それいぜんは一条兼良（一四〇二〜八一）の『温古録』にみられるように「酒の燗は九月九日（重陽《ちょうよう》の節句）より三月三日（雛の節句）までたるべし」と、それは寒涼の季にするものでした。余談ですが、この九月九日の九九《ココ》（重九《ちょうきゅう》・云うまでもなく九は陽の数）の〝ココ〟とは菊の古語でありまして、重陽の節句は菊祭なのです。そして古来菊は浄の植物とされており、それを食めば長命をうると信じられてきました。今流にいえば菊はまさに〝長寿法《マクロビオティック》〟の植物だったワケですな。その故実に肖《あやか》り、ひとはそれを酒に泛かべて〝きくのまつり〟を祝ったのです。（「此の忘憂《ぼうゆう》の物にうかべて我が世を遣《わす》るるの情を遠くす」・陶淵明）。

　刻を分かず年中酒に燗を附けるようになった理由《わけ》も、後述しますいくつかの燗の効用はそれとしても、むかしのひとは〝冷《ひ》や〟は下品なモノ、冷や酒は下郎の飲みものとみていた節があります。それに較べ、酒器の吟味からはじまって、燗をするという〝ひと手間掛ける〟作業そのものに、ひとを饗《もてな》すこころを罩《こ》めようとしたのであります。それにつけてもさいきんの冷やならぬ〝冷酒〟の殷賑、冷蔵庫へほり込むだけというお手軽さは如何したワケなのでありましょうか⁉（ちなみに〝冷《ひ》や〟とは常温、〝冷酒《れいしゅ》〟とはことばどうり冷やした酒のコト）。

「燗は女房にまかせるな」というコトバがありますが、さてこそ酒の燗には底ぶかいモノがあります。燗を附けることに依ってより旨さを増すことを〝燗上《あが》りする〟といい、反対に不味くなるのを〝燗ダレする〟と表現しています。その〝燗上りする〟酒の条件を詳しく述べることはここでは控えさせていただきますが、それはこれまでの各章の記事を注意ぶかくご覧になってきたかたには、じつはもうお判りになっている筈のことなのです。

　それでもすこしだけ温冷効果（陰陽の原理）をもとに記してみれば、その要素《ファクター》は陽（△）寄りの有機酸である〝乳酸〟を主体とした、酸のしっかりした、しかもじゅうぶんに調熟（時間の陽）された酒、具体的には〝生酛《きもと》系〟の醇なる純米酒ということになりましょう。ちなみに酒屋が奨める〝本醸造酒〟はよほどの傑物でなければ〝燗適酒〟たり得ないでしょう。可もなし不可もなし、申し訳ありませんが、一種のニゲというものでしょうね。

●燗の方法

さて、その酒の燗（間、勘、加減、按配などの意）にもいくつかの方法があります。

まずいちばん一般的な湯を張った鍋で燗をする〝湯燗〟（湯煎）とも呼べるやり方です。平安時代の延喜式にも燗鍋の元祖ともいうべき〝土熱鍋〟（土熬鍋《どごう》）があるほどの温古でありますのでおいほどよく、炭火で熱した銅壺《どうこ》で燗するのが熱の廻りがもっとも穏やかで最良の方法といえましょう。むろん牧水に倣《なら》って鉄瓶などに風情もありましょう（「鉄瓶のふちに枕し眠たげに徳利《とくり》傾くいざわれも寝む」）。

湯温は熱いほどアルコール分の飛散はすくなく、熱湯で約〇．二%、低温の五五℃では適温となるのに時間がかかり、結果一%もの損失となるそうです。これは〝燗冷《かんざ》め〟の不味さの原因のひとつとなりましょう。（べつのはなしですが、ある蔵元さんに依りますと、〝よき酒〟とは燗冷ましになっても飲める酒だそうで、かんがえさせられるコトのおおいはなしです）。

しかし、湯温は熱ければよいというものではありません。ここで憶いだしていただきたいのは、先回にかきましたところの〝エチルアルコールの沸点〟のもんだいなのです。そこで記しましたように沸点七八．三℃のアルコールは、沸点一〇〇℃の水が沸騰するまえに、とうぜんのことながら沸騰をはじめてしまいます。燗徳利の内側の底や側面にプツプツとした気泡が附きはじめるのが、その気化をしたアルコール蒸気なのです。このような温度のたかすぎる燗酒は、ご経験がおありでしょうが、遊離したアルコールだけがピリピリ、ツンツンと舌を刺す、とても飲みづらいものなのです。この〝ピリピリ燗〟の酒が燗酒を嫌うひとをつくるおおきな原因のひとつになっています。

またタイミングがづれてしまうと（うっかり忘れたりして燗する時間がながすぎると）、先に記した一％の損失どころではなく、どんどんアルコール分は気化してしまいかねません。ですから初回は酒器が冷えていることを考慮にいれても、湯が沸騰してからひと呼吸置いて、八〇℃ちかくまで冷ましてから徳利《とくり》を漬けるのがベストといえましょう。

逆に湯温のひくすぎる鍋に長時間漬けることも前述のようにアルコール分を失い易いのですが、しかしこれはピリピリ燗の酒よりもはるかにマシというもので、それはとてもやわらかなお酒になるのです。

酒の種類や酒質、飲むひとの体調、体質（好みのちがい）、あるいはつかう酒器の形状、涯てはその時どきの外気温や季節のちがいなど、燗の出来不出来を左右する要素は複雑なもので、判で押したように〝アツカン〟か〝ヌルカン〟にすればそれでコトが済むというものではありません。これが燗するもののタノシミ（さてこそ、「燗は女房に……」）と云ったらお笑いになるでしょうか⁉しかしこれが古来、〝お燗番〟とよばれる役のたいせつである所以なのです。

のこりの方法についても簡単にふれてみましょう。つぎは〝直燗〟（火燗）です。これはよんで字のごとく、酒をいれた薬缶などの容器を直接火に掛けて熱するものです。これはタイミングよくやればアルコールの飛散もすくなくて、だいいちお手軽な方法なのですが、ご想像のように、酒質を気にしないでいいようなお酒ならいざしらず、バランスの崩れたピリピリ燗になりがちです。

つぎは当代流行の〝レンヂ燗〟。例の「チン！」というヤツです。お手軽ここに極まれりであります。しかしこれはもう論外。徳利の首の細い部分に熱が集中するのも困りものですが（避ける法あり）、そんなことより、その加熱の理論上酒はまったく別モノになってしまいかねません。

このほか、そのむかしには鳩徳利を囲炉裏の灰に挿す〝鳩燗〟、湯の替わりに酒をつかう贅沢な〝酒燗〟（別名〝馬鹿殿燗〟）、その反対に貧乏長屋のよわい熱と光の行灯《あんどん》のうえにその名も貧乏徳利を吊るして温める、のんびりとした〝アンドン燗〟（『お手前ら行灯燗を知るめいな』・古川柳）などなどの風流もあったようにきいております。

●燗の効用

さてそれではここで、いよいよ燗の効用についてふれてみましょう。それは主なるものに三つあります。その第一は〝飲み易くする〟効果、第二は〝より旨くする〟効果、第三は所謂〝ひなし〟の効果となります。

まず第一の〝飲み易くする〟とは第三の〝ひなし効果〟とも関連しますが、酒中の雑味成分（それは主としておおすぎるアミノ酸や苦味、渋味などの不要成分）やこれまたおおすぎる酸味を、燗して熱（△）を加えることにより変化させたり（このとき変化するモノは何？）、マスキングしたり（マスキングされるモノはなに？）する効果のことです。これは消極的効果ともいえ、江戸期からつい最近までの燗の効用は主としてこの効果を狙ったものとみてよろしかろう。

つぎに第二の〝より旨くする〟とは、すこし前にかきました〝燗上りする〟ことを云います。これは変化させたりマスキングしたりするのではなく、より旨さを増幅させたり際立たせたりする積極的な効果のことであります。さて温めることにより酒に〝ふくらみ〟をもたせたり〝ハバ〟をもたせたり〝極味《ごくみ》〟（コク）を増したりさせる成分とは何でしょう？

●ひなし効果

それでは第三の〝ひなし〟の効果にふれてみましょう。〝ひなし〟は〝老《ひ》なし〟とかき、〝ヒネ〟（老ね）とは酒造専門用語で〝時間的変化〟（一般にはマイナス表現につかわれることがおおい）を云い、〝老なす〟とはその積極的、意識的介入を云うのです。ここでは燗することに依っての〝熟成効果〟を指しています。タイムスリップ効果と云ってもよいでしょう。杜氏さんは酒にかるく燗を附けると、熟成後の酒質判断の手掛かりが得られると云います。かれらは陰陽の原理こそしらねども、体験的に熱の陽と時間の陽の関係に気が附いていたのですね！

この第三の〝熟成効果〟は飲む側にとっての効用として、第一の〝飲み易くする〟と第二の〝より美味しくする〟のふたつを併せもった効果と云えましょう。

さらに燗の副次的効果として己が酔いの進行程度の判断がつけ易いことや、強力な殺菌効果などが挙げられます。

ちなみに貝原益軒は燗の効用について、「凡《およ》そ酒は、夏冬ともに、冷飲、熱飲よろしからず。温酒《うんしゅ》をのむべし。熱飲は気升《のぼ》る。冷飲は痰《たん》をあつめ胃をそこなう。」と云っております。

第十三章　酒器について・前篇（器によってお酒の味がかわるはなし）

前章の〝酒を煖《あたた》めるはなし〟のなかで、燗の効用第一の消極的効果に於ける〝変化するモノ〟〝マスキングされるモノ〟、あるいは第二の積極的効果である酒に〝ふくらみ〟をもたせたり〝巾《ハバ》〟（複雑さ）をもたせたり〝極味《ごくみ》〟（コク）を増したりさせる成分とはなにか？かんがえてくださったでしょうか。

それは、結論を申せば、〝変化と不変化〟という食養の基本的原則の応用にすぎないのであります。詳しくは第四章「調和型と相補型の提唱」三八頁「変化・不変化」を参照ください。

つまり異性は引き合い（相補、必然的に〝変化型〟）、同性は反発する（あるいは増幅、こちらは異種の要素を受け取らない〝不変化型〟）というもの。ちなみに〝マスキング〟とは大陰は小陰を吸収し、大陽は小陽を吸収するスガタと云えましょう。

これを先回のクエッションに結びつけて具体的にみてみますと、まず熱（▲）を加えてマスキングされるモノはアミノ酸（△）や苦味（△）など陽の物質。変化するモノは反対に陰性な酸（有機酸・▽）。ですから消極的効果のためには熱燗《あつかん》が適することになり、実際、不良酒にはむかしからそうしていたようであります。このことは現在のように良酒が広く出回るいぜんの、米国の所謂〝ポットカン〟をみれば間然する処なしと云うものでしょう。

それでは積極的効果に於ける〝ふくらみ〟や〝ハバ〟を燗酒に附加させる成分とはなんでしょうか？　それが先回の燗適酒の要素の第一としてかきました、陽（△）寄りの有機酸である〝乳酸〟なのです。これは熱過ぎない適温の燗であれば同性増幅をおこします。しかし過度の熱を加えた熱燗では、とうぜんのことながら消極的効果とおなじくマスキング効果という結果におわってしまうでしょう。（それにしましても、こんなコトにまで無双原理がつかわれるのを、どこぞにおられるGO先生はなんとご覧になっておることでしょう⁉　酒も莨《たばこ》も嗜まれた先生のことですから、きっと苦笑くらいでお恕しくださるかもしれませんね）。

ちなみに、この酸あるがゆえに、ある種の吟醸酒（かならず冷やすべし、と一般には信じられている）も燗適酒たり得るワケであります。

●燗適酒の条件

ついでに前回ふれ得なかった〝燗上りする酒〟（燗適酒）の条件をこの酸いがいで簡単にとり挙げてみましょう。

そのひとつは使用米の硬軟大小（あるいは品種特性と云っても可なり）とその出来酒《できさけ》。これはまさに〝陰陽相補〟のよき見本そのものです。すなわち、南（△）の大粒軟質米（▽）、対して北（▽）の小粒硬質米（△）というもの（これは酒造好適米のみならず飯米にも云えるコト）。

南極で愛用した志野二盃（酒井甲夫作）。右の盃は志野釉に南極長石を使用。

そしてエキス分（主体は糖分。酒の甘辛やコクを掌る）の多寡やアミノ酸の量（旨味と雑味は表裏一体）なども燗適酒のファクターとなりましょう。

そしてこれらと先の酸との組み合わせに依って、"燗上り酒"もふたつのタイプに分かれます。それは旨口からやや甘口に寄った、やわらかな、"ふくらみ"に勝れた、軟水、大粒軟質米使用の"女酒タイプ（エキス分、アミノ酸主体）"と、やわらかさとは反対に、"極味"に勝った比較的硬く辛い燗上りをする、硬水、小粒硬質米使用の（あるいは山田錦のような軟質米使用でもよく醗酵しボーメを喰い切らせた）※"男酒タイプ（有機酸主体）"（それなりの"ふくらみ"はあるが、この場合乳酸はふくらみよりも辛口化に寄与する）です。むろん双方ともに酒に"巾"（複雑さ）は必須要件であります。この両タイプはこれからおはなしする酒器撰びの際、重要なポイントとなりますのでご記憶ください。

燗適酒のナゾ解きに時間をとられてしまいました。しかし、ここまでおはなしした"変化と不変化の原理"が、まさに食養的にみた酒器についての核心とも云えるものなのです。

●冷酒用の酒器

さて、ここでおはなしする酒器については、〝冷酒《れいしゅ》〟あるいは〝冷《ひ》や酒〟用と、〝燗酒〟用（次章）の二方向にわけてかんがえるのが妥当でありましょう。またここでは主として直接口に触れる杯（盃、盞）を中心にすすめることにいたします。

常温あるいは冷やして飲む酒に適する酒器には、陶器磁器はいうまでもなく、漆器、硝子製、錫製、木製そのほか、バラエティー豊かなたのしみがあります。しかしその豊かさの裏側にある原理は、これまたとてもシンプルなもので、それが先にふれました〝変化・不変化の法則〟なのです。

それはつまり、酒器にも陰（▽）の器と陽（△）の器があり、対する酒にも陰の酒（正確には陰のつよい酒）と陽の酒（むろん正確には陰のよわい酒）があるというのです。そしてそれは、酒器と酒とが同性同志（不変化）の組合わせでないと、酒がすくなからず変化することにもなるのです。陰の器と陰の酒。具体的にはグラス（▽）とワイン（▽）の組合わせ。そして陽の器と陽（陰がよわい）の酒。これには陶磁器の杯（△）と清酒（比較的△寄りの▽）の組合わせがよろしいということ。これは試されればすぐに納得できるコトでしょう。

これとは反対なのが、異性同士（変化）の組合せ、ワインをセトモノの器で飲むとマズイ理由《ワケ》がこれでよく判ります。みるからに遠赤外線がブンブン出ているような器ではとうていワインを飲む気にはなれんでしょう。

冗談はさておき、おなじ清酒でも生酒や発泡性の活性酒などの陰性のつよめの酒（しかもこれらは通常よく冷やして飲用）には硝子製の酒器も捨てがたいもの。だいいち涼し気ですね（銷夏、相補的）。

またおなじく陰寄りの冷やした吟醸酒などは薄手の磁器製が酒を引き立てましょう。むろん、陽寄りの（陰のよわい）生酛系の純米醇酒にはどっぷりと釉《うわぐすり》のかかった厚手の土もの（陶器製）が、醇なる酒をより芳醇にするに与《あずか》って力あるというものです。ここではもう遠赤ブンブン大歓迎です（笑）。

つぎに考慮すべきことは、ワイン（なかでも赤ワイン）で云う〝トランスヴァゼ効果〟（種種の効用を期待して空気に接触させる操作。その詳細は省略）ほど積極的なモノではないのですが、清酒なかでも冷酒や冷や酒に於いての、移し替える（ディキャンティング）という意味の徳利や片口《かたくち》の重要性は、ユメ疎かにできるもんだいではありません。

酒屋から買ってきた一升瓶のママ卓に供するのはあまりに不粋というもの。前章の燗酒のはなしではありませんが、冷や酒に於いてすらも、ことにひとを饗すココロを罩《こ》めようならば、べつにそれなりの酒器に移し替えることは必須と云えましょう。ここで燗酒とは使用目的こそ違えども、徳利（瓶子《へいじ》）あるいは冷や酒、冷酒独特の片口や銚子（提子《ていじ》・正月のお屠蘇でおなじみ）の出番となるのです。

こころみに、大振りな、朱のいろも鮮やかな漆塗りの片口に、お好みの醇酒を灌《そそ》いでごらんなさい。正月ならずとも気分晴れやかに浮きたち、それはそれはよきものですよ。だいいち、実際的効用として、軽度のトランスヴァゼによって酒に含まれたよぶんな揮発成分は飛散し、しかも酒がまろやかになることウケアイなのですから……。

※　ボーメを喰い切らせる＝ボーメ（比重）のもとであるエキス分（主として糖分）が残らないほどによくアルコール醗酵させること。酒造用語。

第十四章　酒器について・後篇（燗酒に適した道具のはなし）

これまでたびたび〝饗《もてな》すこころ〟にふれてまいりましたが、わが国の伝統的な礼法や儀礼（プロウトコル）では云うまでもなく、ふつうの世間的なマナーに於いても、いわゆる〝手酌〟は無礼な作法というものでした。

「燗は女房にまかせるな」などと云っておきながら、こんなコトを述べるのもへんなのですが、しかしこのばあいの「燗は女房に……」とは、供応《もてなし》の席に於いて〝主人みずからが燗の塩梅を加減する〟というホスピタリティなのであります。

そしてまた、個人的な場に於ける〝独酌〟にも捨て難いモノがあるのは申すまでもなく、そのタノシミを批難するつもりなど毛頭ありません。

そうではなくて、宴席に於いてすらも皆がそれぞれ手前勝手にべつべつの酒を黙黙と手酌で通す、そのしっかりと閉じた牡蠣の殻のような冷えびえとした刻のながれに、なんとも遣り場のないムナシサを感ずることママなる昨今ではありませんか！

そんな折、ホッとするような対談録をめにしておもわずうれしくなってしまいました。少少ながくはなりますが、いか転記させていただきます。

石毛直道氏「たとえばヨーロッパで、一緒に飯を食いながら、若い女性が酒を注いでくれるとしたら、何かおかしいでしょう。だけど日本では、酒は注がれて飲むもんだという観念が古代からずーっとあるわけで、むしろ自分で注いで飲むのは無作法とされてきた。それがいまは、酒というのはどんどん自分で注いで、自分の好きな量だけ、手酌でやれという話になってきた。ですからもう、集団の酒というのは本当に消えてるのかなと」

高田公理氏「それは現代の文化全体に〝自らの主体性をむなしゅうする〟という日本伝来の知恵がなくなったということでもある……」

白幡洋三郎氏「上手いことというな（笑）。なるほど確かに、はた迷惑なとんがった自我をおだやかに押さえる知恵が薄れてきた」

高田公理氏「主体性なんちゅうもんは、ある意味で邪魔なもんであるはずなんやけどなあ。自己同一性とか、アイデンティティなんちゅうもんは、一種の神経病やとしか、ぼくは考えてませんね」

月刊『酒文化』２０００年2月号より

これまでもたびたび登場ねがった支那の幽黙《ユーモア》大師林語堂《リンユータン》は、かのゆうめいな〝我おもうゆえに我あり〟のデカルトを、それは〝ワレありゆえにワレおもう〟の誤植じゃござんせんか?と茶化しながら笑いとばしました。むろんこのばあいの林氏の云うワレは、東洋の伝統的な思考法に依れば、自我ならぬ自己、しかも〝易なる（変化する）自己〟（無我）であるのは自明でしょう。

またデカルトはじめ西欧の論理に於いては、我（Ｉｃｈ《イッヒ》、自我）がかれらの思考や行動の中心になるのも、これまた自明のコト。しかもこのイッヒは必然的に対手を向う側に立てることを要求する二元論なのでした。

これら中国のワレや西洋の我とは対蹠的に、わが国では伝統的に〝禾偏《のぎへん》にム《む》〟（ちなみにこの漢字を漢和辞典で引いてみてもロクな意味はでてきません）を忌む（オノレをむなしゅうする）習慣がありました（『いまの四大五蘊、おのおのわれとすべきにてもあらず。たれとたどるべからず』・道元禅師。ちなみに四大五蘊とは身心ともに人間の構成要素のこと）。

このワレ、我を表にだす国ぐにと本邦との違いをかんがえるにつけ、前記京大派の方がたのおはなしに快哉を覚えたことでありました。

それでは前章のつづきである〝燗酒とそれに使用する酒器について〟述べてみましょう。ここで第十二章でおはなしした燗を附ける方法のうち、いちばん一般的でなおかつベストな湯煎（湯燗）というのを憶いだしてください。

炭火をつかう囲炉裏や長火鉢、あるいは鉄瓶、銅壺《どうこ》などが一般家庭から死語になって久しい昨今、

“蝉羽(せんう)の盞(せん)”。祖父遺愛の盞(さかづき)。産地、作者不詳。

湯煎につかう現実的な燗鍋としては湯のたっぷりはいる、熱の廻りの穏やかな厚手の鍋でよろしい。

つぎに燗を附ける徳利としては、まず一般的ともいえる清水焼や有田焼などの磁器モノは万能型といってよく、上燗《じょうかん》（セ氏五〇℃前後の熱めの燗）にも耐える、あるいは旨くなる前述の辛口系男酒タイプの純米酒では破綻はすくないと云えるのですが、これらの徳利は伝統的に細首型がおおく、ことに"ふくらみ"や"ハバ"が取り柄の旨口系女酒タイプを燗附けるには、なんというか、微妙な表現ですが"ウマミ"がすくないようにかんぜられるのです。

その点、土もの（陶器）、なかでも焼締めの代表である"備前"はこのウマミも満点であり、その寸胴《ずんどう》の型ももうしぶんなく、厚肉のため少少温まり難いのですが（男酒タイプにはいちど湯で温めておくのも一法）、それはふくらみが開くのに時間のかかる女酒タイプにとっては好都合というもので、しかもそのぶん冷め難く、これはなかなかによき酒器といえましょう。

しかしいずれにもせよ、温燗《ぬるかん》、上燗を問わず（人肌燗、熱燗にもせよ）、両タイプとも熱い温《ぬる》いにかかわれず、酒にはしっかりとした燗を附けることがたいせつです。なかでも上燗の重要性は再認識のひつようがありましょう。

さてここで忘れてならないもうひとつの燗附け器が、ある種のプロ御用達の所謂〝ちろり〟です。この錫製のチロリの熱伝導のよさは特筆モノで、熱い湯はあついなりに温い湯はそれなりに、みるまに希望の酒温に達します。この錫のもつ特性は厚手の焼締め系の徳利のそれとは対蹠的なモノで、ふくらみが開くのにある程度の時間を要する女酒タイプには未《いま》だしの感ありといえど、極味《ごくみ》に勝れた辛口純米酒の燗にはすて難いものがありますな。

さいごに口に運ぶ酒器としての盞《さかづき》（せん・ちいさな酒杯。これが本来の燗酒用）について。陶器、磁器をとわず、これはもう〝小振り・薄手・杯型（朝顔形《あさがおなり》）〟に尽きましょう。小なることは燗酒に冷めるヒマを与えない。薄なるは酒温を下げない、適温を器に奪われない。朝顔形は匂い香りが籠らないのです。

むかしよりこの道の数奇者《すきしゃ》は〝口中にすっぽりと含めて、舌で舐め廻せる〟おおきさをよしとしたそうです⁉まあ実際に口に含んで悦に入っておる瘋狂《ふうきょう》のひとを寡聞にして存じませんが、その謂《いい》はそれほどに燗酒用の盃はちいさくうすい（肉厚もその高さも）モノを理想にするということなのです。ここでは熱（△）で変化したり増幅したりしたモノやその酒温そのものの保持が一大目的なのですから、盃にかぎらずすべての酒器がその目的に添わねばなりません。ですから、背のたかい筒型の、大振りなもののおおい〝グイ呑み〟というやつは、まちがってもスキシャの採るところではありません。

そんなワケで、その蝉の翅のように薄い盞、ことに土もの出來のそれは腫れモノに触れるように扱わねばならず、その始末は云うまでもなくこれも女房殿に一任するというワケにはまいりませぬ。

★卵（玉子）酒　その原理・効能・造り方★

歴史

『本朝食鑑』に「精を益し気を壮にし脾胃を調ふ」とあり、二法を記す。その一として水と麹と砂糖と鶏卵をよくかき混ぜ、温めて飲む法。その二は現法のように鶏卵を熱した酒にいれ、それをよく攪拌して温かいうちに飲用すと。

効能

風邪によろし。また寒冷時によく身体を暖める。下戸にも飲める。

「飲《のむ》からに冬の寒さもわすられて　春のこころをあら玉子酒」と『家つと』にある。

原理

酒の陰性（拡張性、浸透性）と卵の極陽性（温効果）（Na：K=1:1）を利用す。さらに詳しくは、まずアルコールの陰性が血管ならびに体細胞を弛緩、拡張して血液循環をたかめ、そこに卵の温効果とアルコールの体内燃焼時の熱量を効果的に利用する。このとき、温効果のためには云うまでもなく温かい（熱い）うちに飲用すべし！　また古来よりその原料たる卵、砂糖、酒（清酒）の滋養性も尊ばれた。

造り方

簡単に云えば上記『本朝本鑑』にみえる「その二」（現法ではここに糖分を加える）の方法である。

そのさい、下戸用には清酒を沸騰させたのち、さらにマッチで火をつけてアルコール分をとばす。このときの酒は純米酒と限らず種類は問わない。

またより効果的な方法として、酒を温めるさい、上記「その二」の法のように直火にて沸騰させず、酒を「湯煎《ゆせん》」にかけて温め、少少のアルコール分を残すようにする。このときの酒は本醸造酒などより純米酒（できれば生酛系）がよろしい。

また直火法にせよ湯煎法にせよ使用する糖分として白砂糖、ハチミツなども可ではあるが、できれば黒糖をつかいたい。黒糖は滋養もたかいが、白砂糖やハチミツのように陰性（冷効果）がつよくない。糖分の使用量は適宜とし、飲む人の好みにまかせてよろしい。このときよく攪拌した卵を荒めの漉器で漉し、また白砂糖を使用するとできあがった卵酒が上品な仕上がりとなる。

使用する卵は有精卵がよろしいが、原理的には無精卵のほうが陽性である（精子・▽・陰性）。しかし有精卵の方がよい理由《わけ》はその「一物全体性」にある。

また全卵をつかう法と黄味だけ使用する法の二方法があるが、上記した「一物全体性」からしても、全卵使用がよろしい。ただし飲用上の注意として、極陽性（▲）卵の性質からいって、勉めてその濫用は避けたい。

第二部　ワイン編

序章　回想・ドイツワインとシュミットのころ

キャシオウ「ついいましがたまで分別のあった男が、すぐ馬鹿になり、やがてけだものになる！　妙なことだ！　量をすごした杯には呪いがかかっている。酒は悪魔だよ！」

イアゴウ「まあまあ、酒も、うまく使ってやりさえすれば、かわいい、いいもんですぜ、もう悪口はおやめなさい」

シェイクスピア『オセロウ』より

山をやっていたこともあったろうし、家業のせいもあったろう。やまのぼりを始めて数年、高校生になったころ、すでに一端《いっぱし》いじょうの興味を酒にたいしてもっていた。

そんなころ、ある大新聞の第一面の片隅に、五センチ四方にもみたない小さなちいさな広告をみた。

「超高級ドイツワイン・シュミット[※1]」たったこれだけの文面だったと記憶している。カメラの〝ライカ〟の輸入でしられた旧シュミット[※2]のこれがはじめてのアピールであった。ウロ覚えで不確かではあるが昭和四十年（一九六五年）、いまから半世紀のむかし、日本のドイツワイン史に輝かしき第一ページ目を記した、それはちいさな枡目だった。

そして、そののちのわが国に於けるドイツワインの発展と浸透は、このシュミットとともにあったといってよかろう。ある年代までのわが国の〝ドイツワイン人〟で、おおかれすくなかれ、なんらかのかたちでシュミットに関係しなかったものがいようか。

フランスワインについては、むろんとうじでもおおくの識者もいたし権威もいた。[※3]しかしドイツワインにはなにもなかった。ヴィヌム・インコグニタ（未知なるワインの世界）がそこにはあった。

だれもやるものがいないからオモシロイというヒネくれた性質は、少年のころからいまに到るまでかわらず身の裡にある。

この魅惑的な世界に、年端もいかぬくせに見境もなく飛びこんでいった。はじめのうちは〝親父の使い〟とみられているようであった。

一九七一年のドイツワイン法改正前のはなしである。

そこには旧来の醸造法も木樽[※4]も健在だったし、葡萄樹も盛期だった。〝六九年法〟（七一年に改正になった上記新法をいう）では禁止用語になってしまった〝ナトゥア〟（天然）とか〝ナトゥアライン〟（天然純粋[※5]）というなつかしいことばも死語ではなかった。

のちの一九七六年秋、あこがれのラインガウ[※6]の葡萄畑にたつことができたとき、まっ赤に色づいた葡萄の葉の下にはいちめんの貴腐（エーデルフォイレ）[※7]した葡萄果実があった。七六年は近来にない貴腐葡萄の年であった。

そしてそれは偉大な年のひとつでもあるはずだった。しかしそれは〝六九年法〟の畑の統合で消えてしまったいくつかのなつかしい畑、華やかなエルバッヒャー・ブリュール[※8]やヨハニスベルガー・コッホスベルク[※9]への憶いとともに、喪してしまったもののおおいことをおもいしらせる年のはじまりでもあったのだった……。

これら一九五〇年代[※10]六〇年代のすばらしく魅力的なワインによって、ひとりの若造がこの世界の入り口にたち、そして研かれた。浴びるようにも呑んだ。そしていささかの羞恥をもって、それを〝悪巧み〟と称した。

ワインの遍歴には涯《は》てがない。いぜん感激して、しかしいまはもう幻となってしまった味香を求めて涯てのない旅にでる。それを異性の遍歴にも似るといったひとがいる。ドン・ジュアンの旅である。何時《いつ》までもいつまでも、どこまでいってもそれは見涯てぬ夢である[※11]。

ワインを芸術と呼ばわるひとがいる。視覚、嗅覚、味覚のこの作品には、しかしざんねんなことに再現性がない。飲んでしまえばそれっきり。これを潔しとするかどうかはひとそれぞれ。世の芸術一般と異なる所以《ゆえん》であろう。

「ワインをのむ日が五日ある
めでたい祝いの晴れの日に

なぜか心のかわく日に
若い気分の欲しい日に
よきワインを愛でる日に
なにか理由《ワケ》のほしい日に」

リュッケルト※12

※1　超高級ドイツワイン＝昭和三十年代のおわりから四十年代にかけて、その時分のドイツのワイン（いわゆるラインワイン）は、商標ワイン（マルケンヴァイン）の〝リープフラウミルヒ〟などが細ぼそと入手できた時代で、今日にいう〝肩書き附き良質ワイン〟（Q.m.P.）※13にあたる高級ワインは、シュミットの輸入を俟たねばならなかった。

※2　旧シュミット＝独エルンスト・ライツ社（高名な光学機械メーカー）の日本総代理店。とうじ千代田区西神田にあったが、いまはない。そのシュミット社社長・井上鍾氏はたいへんな趣味人であり、黎明期であったこの時代、自宅にワイン専用の地下酒庫を備えるほどの数奇者だった。

※3　識者もいたし、権威もいた＝そのとうじもいまも（?）、ワインといえばフランスワイン。昭和三十九年（忘れもしない東京オリンピックの年）、待望の本格的なワインの本、アレック・ウォー『わいん・世界の酒遍歴』（In Praise of Wine）が増野正衛氏の訳ででた。有名なアンドレ・シモンの本、たとえば『栄光のワイン』（The Noble grapes and the greatwines of France）が出版されたのは、かなりのちの昭和四十六年、古賀守氏の『ドイツワイン』が昭和四十八年、アレクシー・リシーヌの『フランスワイン』は昭和四十九年（ちなみにレイモン・オリヴェの『ソースの本』が昭和四十五年）、セインツベリの古典『ノーツ・オン・セラーブック』（酒庫の本）が翻訳出版されるのは、平成十年になってからである。それをかんがえると、とうじ、いかにウォーの本におしえられることのおおかったかが判ろうというもの。それだけに、この〝ワイン賛〟にほとんどふれられていないドイツワインの未知にたいする憧れはつよかったのである。（しかし浅田勝美氏の『ワインの知識とサービス』の昭和四十二年ははやかったな!）

※4　木樽＝申すまでもなく、現在世界のワイン醸造につかわれているのはたいはんステンレス製タンク。むろんドイツで

も例外たりえない。そのため地下蔵で木樽から蒸発する水分・アルコール分に因って生育する黒灰色の〝蔵カビ〟（クラドスポリウム・ケラレイ）のみられるワイナリーはすくなくなった。その繁茂は、適湿適温の酒庫《ケラー》環境の良好さの示標となる。

※5　ナトゥア・ナトゥアライン＝糖分の添加をゆるさぬ点では現在のQ.m.P.と同様。しかし、仏、伊などEUワイン大国の影響・圧力のつよい現今では、六九年法以前の精神まではざんねんながら生かされてはいない。

※6　ラインガウ＝ドイツワイン十三地域のうち、モーゼル（ザールとルーヴァを含む）とならび、最高の銘醸ワイン産出地域。モーゼルワインが〝金髪の若き乙女〟とよばれるのにたいし、ラインガウのワインの味香は〝ブルネットの淑女〟に譬えられる⁉

※7　貴腐（エーデルフォイレ）＝葡萄果皮にボトリティス・シネレアと呼ばれるカビが付着し、果皮の蝋分を融かす。そこから水分だけが蒸発し、のこった葡萄果実液は乾葡萄状に濃縮する。

※8　エルバッヒャー・ブリュール＝エルバッハ村にある銘醸蔵シュロス・ラインハルツハウゼンの醸したブリュール畑のワイン。なかでも、一九六四年産は絶品だった。

※9　ヨハニスベルガー・コッホスベルク＝大銘醸シュロス・ヨハニスベルガーと同村にあったちいさな畑。レマルク※14の小説でその存在をしった。

※10　一九五〇年代＝一九五三年と五九年は、二一年とならび、二十世紀の大銘醸年。これは〝センチュリー・ヴィンテージ〟とよぶべきである。

※11　何時までもいつまでも＝この煩悩を指して釈迦牟尼は四苦八苦のひとつにかぞえ、〝求不得苦《ぐふとっく》〟となづけたもうた。

※12　リュッケルト＝フリードリヒ・リュッケルト。ドイツの詩人（一七八八～一八六六）。

※13　Q.m.P.＝ドイツワイン法による品質等級の呼び方で肩書付き上質ワイン。Q.b.A.は特定産地上質ワイン

※14　レマルク＝（エーリッヒ・マリア・レマルク）一八九八年生まれのドイツの作家『西部戦線異状なし』『愛する時と死する時』

第一章　果実の酒・ワイン

「アルゼンチンにおける乾いたパンパのブドウ栽培（すなわちワイン醸造）は、こうした牧畜中心の農業の上に成り立った肉食生活と補完関係にある。（カッコ内と傍点・古山）」

「ヨーロッパの文化を食事の面から肉食文化と名づけるのは、その文化が沙漠で形成されたことを物語っている」

「西洋人の渇きは、こうして、ヨーロッパの田園にありながら、なお沙漠における肉食生活者の渇きを受けついでいるのである」

麻井宇介著『比較ワイン文化考』（中公新書六一二、四六～四七ページより）

これまで、ながいあいだ日本酒・国酒としての清酒（焼酎）を中心にはなしをすすめてきました。

序章の〝ワイン事始め〟は笑止としましても、これからしばらくワインという醸造酒におつきあいくださるにあたって、読者にはこれまでの清酒のはなしを憶いだしていただきながら、今回はワインと清酒のちがい、そしてそこから導きだされるワインの特徴、その独自性《アイデンティティ》を探ってみましょう。ただしこれからのおはなしは酒の世界の一般常識と云えるもので、とくにワインの〝温冷効果〟（陰陽）についてのナゾ解きの詳細は章を改めたいとかんがえています（むろん、いくぶんかは触れざるを得ないでしょうし、これまでにもふれてきました）。

それではワインと清酒の味香とその依ってたつファクターのちがいからはじめましょう。まずはじめに風土の影響について。それは気候風土であり文化風土であります。これは和辻哲郎を俟つまでもなく、きわめて重要な要素《ファクター》となります。食養的には身土不二のことなのですから。

このうち、気候風土的にみれば第一に〝乾燥と湿潤〟。そして文化風土的には肉食中心の文化と穀菜食中心の文化となりましょう。これは劈頭の麻井氏にもありますように、一般的には乾燥地帯と肉食文化、湿潤地帯と穀菜食文化がセットになることがおおいでしょう。

しかしここで注意すべきは、アルゼンチンの乾燥地帯（パンパ）のようにその摂取カロリーの大半を肉食に依存するばあいと、げんざいのヨーロッパ（その肉食の起源である寒冷極まった太古の氷河期のむかしはいざしらず）のように、わりあい温暖な気候（南北で差はあれど）であるがゆえに、穀物からの摂取カロリーが動物蛋白と同等の比重を占めるばあいとが、これらの肉食文化地域に混在するという事実です。

これはアルゼンチンのパンパ地帯のように相対的に肉の値段が安く、魚介類、穀物野菜が高い地域と、ヨーロッパのように反対に肉が比較的高価で（狭い国土）、冬雨のため麦類に恵まれた処の差でありましょう。ただしヨーロッパのばあい、ここにまたそれぞれの国の寒冷・温暖の差や、あるいは貧富の差なども考慮せねばなりますまい。

身土不二的には寒冷（▽）と肉食（△）は相補なのですが（北ヨーロッパ諸国やドイツの肉喰い）、アルゼンチンのパンパ（乾燥・△）と肉食（△）にはべつの要素《ファクター》への考慮がひつようなのです【※参考までに昭和初年当時の栄養学者の説と桜沢如一の答を記してみましょう。＊学者『極地にすむ人間（これは相補的）ならずとも肉食をなし得。アルゼンチンの牧人の如し。』＊桜沢『これは肉食の利を証明する根拠になりませぬ。それは経済地理学上の問題で、それにその土地特有の必然性が含まれているのであります。……後略……（カッコ内、傍点・古山）』『食養学原論』（第四巻・六六ページ）昭和三年刊】。

それにつけても、ワイン視察旅行でアルゼンチン第一のワイン生産地域〝メンドーサ〟を訪れたさいの、現地のひとたちの凄まじいまでの肉食（とそれに伴うワイン飲酒）は、いまだに脳裡を去ることはありません。

●糖分（アルコール醗酵に不可欠なもの）

ではのこりの要素については、順を追って簡略に述べていきましょう。

さいしょに、いずれの醸造酒のアルコール醗酵にとっても不可欠な〝糖分〟について。ワインの原料であるブドウ果実には、いうまでもなく糖分は含有されてある（ちなみに、これも重要な酸も水分も）。この潜在的なアルコール分である糖分があれば、あとは醗酵するだけ。このような単純な醗酵形式を〝単醗酵〟とよぶ。

かたや清酒の原料である米は酵母がアルコール醗酵するためにひつような糖（単糖類、二糖類）をもっておらず、あるのは〝糖化〟のひつような多糖類の澱粉だけ（いうまでもなく、原料中に酸はなく、水分も玄米で一五％ほどのもの）。この米デンプンを麹で糖化し、同時にこの糖分（ブドウ糖）を酵母で醗酵させて酒になる。この二段構えの形式を〝複醗酵〟といい、清酒のばあいこの複雑な〝同時性〟をもってとくに〝併行複醗酵〟とよんでいる。

そしてこの糖分もワインでは特殊のもの（デザートワインなど）をのぞき、たいはんのワインは完全醗酵にちかく残糖分はほとんどない。これに対して清酒はふつうかなりの糖分をのこす。これが清酒特有のコクや旨みのモトとなる。

●酸について

つぎにたいせつな酸。ブドウ果実の含有酸の大部分は白ブドウ、黒ブドウともに酒石酸とリンゴ酸であるが、このうち酒石酸は通常アルコール醗酵の過程で減少する。

そしてリンゴ酸は白ワインではつうじょうそのまま残すが、一部の白ワインとすべての赤ワインにおいては、マロラクティック醗酵と呼ぶ二次醗酵によってリンゴ酸が乳酸に変換される。したがって赤ワインの主体酸は乳酸（比較的よわい▽性）であり、白ワインではリンゴ酸（こちらは比較的つよい▽性）が中心となる。これが清酒では先にもかいたように原料中には酸はなく、出来酒のなかにあるのは醸造中に生成した乳酸とコハク酸（ともに△寄りのよわい▽性）とリンゴ酸（つよい▽性）。このうち前二者で総酸量の約三分の二を占める。しかも一般的にはワインの四分の一〜五分の一ほどの酸量しか存在しない。この酒類中の酸の種類とその多寡が温冷効果（陰陽）を決定する重要なファクターとなる。

●ワインと清酒の味香の違い

いじょう述べてきたことから、ワインと清酒の味香の特徴のちがいと云えば、そうじて前者は酸味（白・赤ワインとも）と渋味（タンニン・赤ワイン）をそのもちあぢとし、それに対し後者のよさは旨み（コハク酸と糖分由来）とほどよい甘味、そして幽《かそ》けき酸味といえましょうか。これらの味香の特性の由来はといえば、ワインは土壌、日照条件、気温、土壌水分などを考慮するにしても、第一義的には原料（ブドウ品種）の多様性にあるとしてよく、いっぽう清酒はその醸造過程の複雑さから依ってきたるものとみて、おおかた間違いはないでしょう。このことからもワインはたいへんわかり易い酒であると云えましょう。なんといっても赤と白のワインがあるほどですから??

また料理との組合せをみれば、ワインは特定の相手をえらぶ傾向がつよく、また組合せの巾もせまいものです。だからこそオモシロイとも云え、それがワイン撰びの醍醐味ともなるのです。しかしまた、相性のよくない料理が比較的明確に存在することもたしかで、生の魚介類の生臭みを強調したり、酢の物（ドレッシング）や卵料理、カレーをつかった料理などと合い難いことなどはよくしられた事実です。

清酒はそれとは逆に組合せの巾はひろく、よくごぞんじのように酢の物との相性も抜群で、また魚介類の生臭みや野菜のアク、醗酵食品のもつクセなどをよく消してくれるものです。この両酒のもつ独自性の理由《ワケ》を陰陽原理で解くことを宿題として、この章はこれで擱筆することにいたします。

第二章　ワインの温冷効果

（その食養的解釈・前篇）

　ワインの温冷効果を清酒と比較しながら、よりふかくみていくことにいたします。さて、前章の宿題、かんがえてごらんになりましたか。むろんアルコール度数も重要なファクターになりますが（醸造酒ＶＳ蒸溜酒）、さいわいなコトにワインと清酒のアルコール度数にはそうおおきなちがいはありません。

　そこにもはっきりとかきましたように（あんなことを云いながら、酒の陰陽にもずいぶんとふれましたね）、ワインと清酒の〝温冷効果〟（陰陽）を決定する最重要な要素は、なんといってもその含有する有機酸の種類のちがいとその量の多寡です。

　むろんそれだけではすまされず、産地のちがい、飲用温度のちがい、含有カリウム量の多寡（これはことにワイン、なかでも白ワインにいえること）なども考慮のうちにはいりましょう。

　そのけっか、双方ともアルコール飲料なるがゆえに陰性であるのは申すまでもないことですが、いっぽうのワインは赤白の差はあれど（後述）こちらはかなりつよい陰性、たいして清酒はおなじく陰とはいっても陽寄りのよわい陰性、云ってみれば〝ほどよい陰性〟となりましょう。こちらもその種類（吟醸酒とか純米酒とかその古酒とか）や飲用温度による差はとうぜん存在しますけれど。
これをもとに前章の宿題を解いてみれば（なおいかの〝変化と不変化〟については第一部日本酒編の第二章、第四章、第十三章を参照ください）、酢の物、ドレッシング中の酢酸（酒を腐らせた〔醗酵させた〕モノが酢）は有機酸のなかではつよい陰性。そしてワインもまたつよい陰性。この組合せはいうまでもなく反発、増幅、不変化型。他方清酒は陽寄りのほどよい陰性であり、陰陽牽引、相補、変化型とまではいきませんが、吸収型かよわい変化型とは云えましょう。カレー料理（スパイスの陰性）もまた同断。しかもその刺激性のつよさは繊細な醸造酒のもちあぢをだいなしにしてしまいます。（では卵（▲）料理とワインの相性がよくない理由《ワケ》は？）。

つぎの魚介類の生臭み（主として熱を加えていないナマの）は〝香り〟のもんだいです。重い沈みこむような香りもあれば、軽いたち昇る香りもあれど、〝拡散性〟が本質の〝香り〟は基本的に陰性のものですから、その酸量が清酒の4〜5倍もあるワインのつよい陰性はきつい生臭みをはじき返し（▼×▼、反発、不変化）、かえって増幅させることになります。かたや清酒（なかでも生酛系の燗酒）のよわい陰性は前問の酢酸のばあいとどうよう、香りに吸収（▽✡↓▼）されたり、あるいは変化（▽✡⇕▼）がおこります。また清酒中のコハク酸（よわい陰）のウマミ効果の存在もみのがせません。

つぎに醗酵食品のもつクセ（香りと味）はといえば、これは醗酵の本質をかんがえてみればわかります。醗酵とは古典的な定義に依れば「嫌気的（無酸素環境）状態下に於ける微生物の有機物分解反応（とそれに伴うエネルギー獲得形式）」なのですが、現在ではもっと幅広く「微生物あるいはその酵素類が有機・無機物質に作用し有機・無機化合物を生じること（そしてそれが人間にとって有益であること）」となっております。

さておなじエネルギーの獲得形式である〝呼吸〟と〝醗酵〟を較べてみれば（たとえばアルコール醗酵の主役である酵母菌に於ける呼吸と醗酵をみよ）その獲得エネルギーの差のおおきさに驚愕します。呼吸のばあいそのエネルギー源であるブドウ糖は最終的に水と炭酸ガスとエネルギー（△）に変換されますが、これが醗酵（このばあいアルコール醗酵）になりますとエネルギーと炭酸ガスの発生はどうようですが、水のかわりに大量のエチルアルコールが加わり、そのぶん発生エネルギー（△）はごく少量（約三五分の一※）になってしまいます。

またがんらい、醗酵とは膨張性（▽）や揮発性（▽）（とくにアルコール醗酵のばあい）、拡散性（▽）（香気成分）を伴いますから、先のエネルギー獲得のすくなさとあわせてみれば、その陰性の機能はかなりつよいものと云ってよいでしょう。

ですから酢の物や魚介類の生グサミでそうであったように、ワインでは醗酵食品のもつクセのある味や香りを増幅しがちなのにたいし、清酒はよくそのクセを消し、穏やかに納めてくれるのです。またおなじワインとはいっても、このナマグサミやクセが赤ワインより白ワインと伴にするとき、より増幅するワケも前章の解説と前項までの説明でお判りになられたことと存じます。またこの〝クセ〟については、のちのワイン編第九章でふたたびふれることになるはずです。

※ 醗酵：糖１８０g→炭酸ガス８８g＋アルコール９２g＋エネルギー２万Cal
呼吸：糖１８０g＋酸素１９２g→炭酸ガス２６４g＋水１０８gエネルギー７０万Cal

三つめの野菜のアクについてはどうでしょう。日本語には〝アクのつよい男〟、反対に〝アクの抜けたひと〟などという云い方もありますが、食品にたいするその定義はかなり漠然としておりアイマイにつかわれることがおおいものです。一般的には植物を燃やした灰からつくる灰水の意、ならびに食品のもつ〝蘞《えぐ》み〟〝渋み〟〝苦み〟を指すようです（狭義のアク）。しかしもっとひろく〝クセ〟にちかいつかわれかたもみうけられます（広義のアク）。

灰水はごぞんじのかたもおられるでしょうが、そのアルカリ分を利用して酸性土壌の改良という園芸的な使用法などもありますが、よくしられたものに〝ワラビのアク抜き〟があります。これはワラビのもつエグい陰性のアクに作用するものでしょう。ワラビは灰分のおおい植物ですが、陰性のつよい〝カリウム塩〟をそれにもましておおく含有するのです。ちなみに、この蕨《わらび》の陰性については有名な〝伯夷・叔斉〟の故事を憶いだします。

この灰水やアクのもつシブミ、ニガミをみてもお判りのように、アクとはほんらい陽性の物質のようにもみうけられますが、他方前記したエグミ（里芋にあるような蘞辛《えがら》っぽさ）やカリウム塩、ほかにある種の有機酸、アルカロイドのような陰性の物質もりっぱなアク気を與える成分として存在するのです。

ですからこういったアクの性質をみてきますと、陰性方向に振れすぎているワインでは、陰陽いずれのアクにたいしても合わせることはむつかしいばあいがおおく、なかでは僅かに赤ワインのもつタンニンの渋みが不反発の候補に挙げられるくらいでしょう。

しかしよりたいせつなコトですが、ワインの本場である欧米諸国には、このような繊細な苦み、渋み、蘞みを賞味する文化、習慣はざんねんながらみあたらないのです。赤ワインと白ワインの国、白か黒かを峻別せずにはおれない人びとにとって、蕎麦粉と水だけの〝蕎麦切り〟のかそけきニュアンスを理解することが困難なように、これら野菜や山菜のもつアクをたのしむ味覚は発達しづらいものだったのでしょう。

フキノトウやクワイのニガミ、ウドや茶のシブミ、ワラビやタケノコのもつエグミの好ましさは、その程度こそ過ぎなければ、たいていの日本人にとってたのしめこそすれ、けして嫌なものではないはずです。

倖いなことに伴《とも》にたのしむ清酒には、その陽にちかい、つよくない陰性に依ってカリウム塩とは相補になり（とりわけ生酛系の酒や、それを燗した酒に於いて）、また基本的にはアルコール飲料であることに依る陰性のお蔭で苦味、渋味の陽性とも相補になり、陰陽いずれのアク気をも穏やかに消してくれるちからがあるのです。ああまた日本の酒に還ってきてしまいました！

▽……陰性（飲食物に限ればその性質・作用は細胞を細めたり、身体を冷やす「冷効果」）。
△……陽性（飲食物の身体に与える影響は▽と正反対に細胞を縮めたり、身体を温める「温効果」の作用）
▼……陰性（冷効果）の性質の極めて強いモノ。極まったモノ。極陰性。
▲……陽性（温効果）の性質の極めて強いモノ。極まったモノ。極陽性。
✡……陰陽度の接近したモノ。冷と温の作用（温冷効果）の強さが中庸に近いモノ。

第三章　ワインの温冷効果

（その食養的解釈・後編）

とつぜんですが、いまから四十年ほどのむかし、日本国中を風靡した〝山本ベンダサン〟氏を覚えておられるでしょうか？

いま、この原稿の桝目を埋める作業をつづけながら、このベンダサン氏の著作より十五年ほどのちにかかれた、ベンダサン氏への批判、弾劾の書、『にせユダヤ人と日本人』（浅見定雄著）を、久方によみかえしているのです。

そして、この本の内容はひとまず擱くとしても、その〝まえがき〟にかかれた、（孫引きになりますが）日高六郎氏の云う「特殊によって一般を推定するエピソード主義」への己が傾斜を痛切に反省しつつ、またつづけて氏の指摘される「概念規定のあいまいさや、対象の客観的属性の無視や、不完全なサンプリングや、比較研究の不足や、歴史的な変化にたいする無関心や」らが、かきつつあるこの文章にも決定的にあてはまることを、慙愧の念とともに、いま重くこころにうけとめているところなのです。

しかし、頭のいたいことではありますが、悔やんでいるだけではなしが先へすすみません。

さてこの章では前章につづけて、〝温冷効果〟（陰陽の原理）で解く〝ワインのたのしみ〟ののこりのいくつかをみていくことにいたしましょう。

●香りについて

あのワイングラスという器の形に因るところもおおきいのですが、じっさいワインの香りのつよさは一般的な清酒のそれに数倍するものでしょう。それかあらぬか、たいていのワインブックには香りの表現だけでも幾十となく挙げられています。そのなかにはかの有名な? "フォックスフレイバー"(狐臭と称するが、しかしじっさいその本体を正確に掴んでいるワイン愛好家はほとんどいない)や"汗をかいた乗馬用の鞍革のカオリ"あるいは"猫のオシッコのニオイ"などという珍妙奇天烈なモノまで存在します。むろんこういった奇を衒《てら》った表現は、ワインの基礎的な語彙でないのは云うまでもありません。

しかしいずれにもせよ、香りというものの本質は陰性(冷効果)です。ワインの香りもブドウ品種や醸造方法によってその種類も強弱も様ざまですが、なかでもエステル類や高級アルコール類(どちらも低沸点物質。したがってその性は陰)に由来する香りや、刺激臭としてのカルボニル化合物(なかでもアセトアルデヒド。これも低沸点物質)の発する香りなどは、いかにも陰性(冷効果)のつよさを表現するものです。ちなみに清酒のなかでも吟醸酒ではエステル系の香り(いわゆる吟醸香)が主体となります。ということは……?

●熟成ということ

科学的に云えば物理的熟成作用とは主として"積算温度"、化学的熟成作用は"化合・分解・酸化

"に因るものとかんがえられますが、食養的にはご案内のとおり"空間の陰、時間の陽"で説明されてきました。その時間の陽が、あの陰性（冷効果）の大豆由来の味噌、醤油という醗酵食品（醗酵は陰）をアニマライズ（温効果食品化）することは日本酒編第二章二四頁でふれておきました。（むろんその陽性化に塩（△）の使用はおおきいにせよ。しかもその塩のエグミ（▽）すら時間とともによく熟れてくる!!）。

この熟成の効果が、まずワインでは色調の変化として表れます。すなわち白ワインに於いては、若いワイン特有の緑がかった色調から黄色みを帯びた色、そして麦藁色を経て、熟成のさいごには茶色（黄と橙の中間）でその寿命を終えるのです（この最終段階をマディラ化《マディライズド》とよんでいます）。赤ワインも紫色のきつい（グラスの向う側がみえないほど濃いワインもある）若いワインが、刻の経過とともにだんだんとオレンヂ色に熟成し、仕舞いにはレンガ色にちかい色調にまで変化していきます。虹の七色やスペクトルスコープ（分光器）をもちだすまでもなく、この色の変化が赤白ワインとも陰から陽への方向であるのは、もう申すまでもないことでしょう。

またどうじに、陰性が本質の酸（有機酸）も白ワイン（リンゴ酸主体。つよい陰性）も赤ワイン（乳酸主体。よわい陰性）も、そのきつくつよく若い酸が熟れた穏やかな酸に変わっていきます。これも熟成ならではの妙と云えましょう。（この熟成については日本酒編第三章も参照のこと）

●飲用温度のはなし

世上、白ワインは冷やして赤ワインは室温で、とはよく耳にするはなしです。

これを解くことも温冷効果の原理をつかえばかんたんなものです。すなわち、いぜんから繰りかえし述べておりますように、変化不変化の原理がそれなのです。前項にあるように白ワインのリンゴ酸はつよい陰、赤ワインの乳酸はよわい陰（そして赤ワイン特有の渋みのモトであるタンニンは陽性）。したがって白ワインを温め赤ワインを冷やすとこれは〝変化型〟となり、それぞれのワイン特有の酸のもちあぢをすっかりスポイルしてしまうというワケ。そこでここでは〝不変化型〟にもってゆかねばなりません。おなじ白ワインでも、中間系とよばれる乳酸のおおいシャルドネ種のワインが、冷やしすぎてはいけない理由もここにあります（後段M.L.F.参照）。

●赤ワインの赤色のこと

これはその原料黒ブドウ果皮の色素が、生成されたアルコールに溶けだしたものです。この赤紫色色素は化学的にはフラボノイド系色素であるアントシアニン。フェノール化合物であるポリフェノールの一種です。ですから、この赤色（陽の色）はつぎに述べるタンニンどうよう温効果（陽性）となります。しかし、先にかきましたように、赤ワインの色は赤色と決めつけてはいけません。赤ワインが紫色からはじまり、赤を経てオレンヂ、そして赤褐色におわる熟成の変化をわすれないことです。

●ワインの渋味、タンニンのこと

タンニンはお茶の渋味の主成分である有名なカテキンなどとともに、前記赤色色素とおなじポリフェノールのなかまです。ゆえにこれも温効果。云うまでもなく渋味とは六味の陰陽では陽性の筆頭ですね。

蛇足ながら、〝赤ワインは健康によい〟という俗説（フレンチ・パラドックスというヤツですか）は、主としてこれらポリフェノールに依るものでしょう。たとえば心臓（陽の臓器）の衰弱（陽が減る）にはタンニンなどの陽性が補性効果としてはたらくのです。まあワインの国西欧諸国とことなり、わが国には有難いことにお茶やゴボウなどポリフェノール豊富な食品に恵まれているのですけれどね……。

このタンニンは後記する乳酸とならんで赤ワインらしさのモトであり、それはブドウ果実の種子や果皮に由来します。またこれらポリフェノールの総量はといえば、赤ワインは白ワインにくらべ五〜六倍おおく含まれています。

●M. L. F.（マロラクティック醗《ファー》酵《メンテーション》）について

さいごに少少むつかしいはなしです。ブドウ果汁中の主体有機酸は白ブドウ、黒ブドウを問わず酒石酸とリンゴ酸です。このうち酒石酸は果汁がワインになると一般的には大幅に減少します。そしてのこったもう片方のリンゴ酸（malic acid）が、熟成中にある種の乳酸菌に依って乳酸（lactic acid）と炭酸ガスに変換する反応を（M. L. F.）と称します。ほとんどすべての赤ワインがこの醗酵を一〇〇％成就（完全醗酵）させます。しかし白ワインに於いては一部のワイン（前記シャルドネ種など）いがいはこれをおこないません。しかもシャルドネワインなどでも通常は完全醗酵はさせずに、目的に沿って醗酵を制御します。

このように、白ワインのリンゴ酸（強陰）と赤ワインの乳酸（弱陰）は、それぞれのワインの温冷効果をきめる重要なファクターとなるのです。

第四章　ワインの撰びかた・たのしみかた（はじめに）

「最初の一杯でそれがおわかりになりましょう？
絞った日光でございます」

E・M・レマルク『愛する時と死する時』より

前章までのワインの温冷効果（食養的解釈）についてはご理解いただけたでしょうか⁉

食養はその外観がきわめて単純なだけに（陰・▽と陽・△）、その応用となるとなかなか難しいもんだいもおおくなるものです。これには食養を勉強ちゅうの読者も日びご苦労なさっていることでしょう。それでこそGO（桜沢如一）に数おおくのクラックス（なぞなぞ）が存在するのも宜《むべ》なるかなというものです。しかも、なにぶんにもこれまで、〝酒は陰性、身体にワルイ〟のひとことで済まされてきたモノが対象であるだけに、参考文献とて皆無といってよく、携わるものにとってはオモシロイことこのうえないかわりに、おおくの独断と誤謬がはいり込んでいるのも、これまた明白なる事実として認めねばなりますまい。これが前章の劈頭にかいた慚愧の念の正体なのです。

さて、今回からは趣をかえて実践的なワイン撰びやたのしみかたのはなしに移っていくことにいたします。ここにもこれまで勉強してきた食養的視点が生かされることを希っております。

端的に申してワインの出来不出来は原料ブドウのできふできにそのたいはんを依存していると云ってよく、その意味ではワイン造りはブドウ作り、すなわち〝農業〟であると云えます。こんなことを云うと醸造担当のケラー・マイスター（ドイツ語で杜氏の意）は気分を害することでしょうが、ヴィンツァー・マイスター（同栽培担当）の重要性にかわりありません。ちなみにこれを清酒でみますと、むろん原料である米や仕込み水がたいせつなことに吝かなワケではありませんが、しかしその味香の半ばいじょうは〝醸造方法のちがい〟に依っていると云ってよろしい。この意味で清酒のよしあしは〝造り〟で決まることがおおいものです。

さて、ひとくちにワインを撰ぶといっても、そこには幾つかのキリクチが存在します。そのそれぞれについておはなしするまえに、まずはそれらを簡単なコメントとともに箇条書きにならべてみましょう。

●ワイン撰び（その一）〝地域・国別でえらぶ〟

それでワイン撰びの第一に〝地域でえらぶ、国別でえらぶ〟を挙げたのはいかのような理由《ワケ》があるのです。

それは、このうちの〝地域でえらぶ〟というのは、フランスで云う〝テロワール〟の影響を考慮することを意味するからなのです。ここでワイン造りでいうテロワールとは〝天地人〟、すなわち天候・気候と畑の土壌やその地理的・立地的条件を主として、そこに人（土地柄）を加味した綜合的な影響力を云うとみるのが本筋でしょう。これはまさにワインの身土不二ということですね。しかし、このテロワールのお家元であるフランスでは、こちらの予想と希望をみごと裏切り、〝天地〟と〝人〟を峻別対置するのがふつうのかんがえかたなのです。このかれらの二元論については、またのちほどふれることになりましょう。

またここで、もうひとつ〝国別でえらぶ〟とは、ワインを産出する各国のいわゆる〝ワイン法〟に注目することを指すことにいたしましょう。ワイン法はその生産されたワインのランク附けやワインスタイルを決定づけるおおきな要因になるのみならず、それは生産国それぞれの国民性（土地柄）に依る飲酒スタイルや嗜好性のちがいをみるのにも好都合というものです。こうなるとこれも〝身土不二〟の範疇ということになりますな。

●ワイン撰び（その二）〝品種でえらぶ〟

第二には、これも農業とふかい関わりのある〝原料ブドウの品種でえらぶ〟ことです。ワインの味香のちがいを生む二本柱は、前記〝テロワール〟とこの〝原料ブドウのちがい〟でしょう。ここでは所謂〝四大ブドウ品種〟（シャルドネ［白］、リースリング［白］、ピノ・ノワール［赤］カベルネ・ソーヴィニヨン［赤］）とその周辺のいくつかの著名品種のはなしになるでしょう。

●ワイン撰び（その三）〝値段でえらぶ〟

第三はどなたにとってもたいせつな？〝値段でえらぶ〟はなしです。市場には様ざまなワインが満ち溢れております（余談ですが、わが国の通弊としてなんの世界でも少少やり過ぎ、いきすぎの感があるのは否めませんね。古来よりのつつしみ、たしなみのココロは何処へいってしまったのでしょう……）。

しかしよく観察してみると、それらのなかにもリーズナブル、価格相応で判り易いワイン、また品質のワリにコストパフォーマンスのたかいワイン、そしてもうひとつ、玉石混淆で判断のつけにくいものの三種類の存在することが判ります。ワインの市場価格はどのような要因で決まるのでしょう？そしてどんな構造をもっているのでしょう？

●ワイン撰び（その四）〝シチュエーションでえらぶ〟

つぎは第四番目〝シチュエーションでえらぶ〟こと。ＴＰＯのことですね。ワインを飲むときの状況、場面、用途、目的です。ひとり静かにワインを求めるとき。（……リュッケルトが云ってましたっけ。ワインを飲む日が五日ある、と）

そして、もっとも一般的状況である食事と伴に。あなたはだれとどんな食卓を囲むのでしょう。さいごのデザートに向くワインもあります。それは果物ですか？　チーズですか？

つぎは家族、友人と会話をたのしむときのために。なかには昼さがりの奥様がたの井戸端会議にもピッタリのワインもありますよ⁇　このほか、まだまだかんがえられるシチュエーションはいくつも挙げられることでしょう。

このとき開けるワインが一種類なのか、または複数のワインのバリエーションやマッチングをたのしむのかでも撰ぶワインは変わってきます。

●ワイン撰び（その五）〝興味でえらぶ〟

五番目は〝興味でえらぶ〟こと。それは〝想像してみるコト〟です。テレビの紀行番組でみた（そして聴いた。しかし味や香りをたしかめることはできません⁉）ラインワイン（ドイツ）の〝ゲヴュルツトラミーナー〟（ブドウ品種）ってどんな味わいなのかな？　スパイシーで薬草の風味があると云っていたけど……。

このほかにあなたには一本のワインを繞って、いろいろと興味をひくものを想像することができます。ワイン産地のこと、造るひとのこと（ワインメーカー〈杜氏さん〉にはカリスマティックなひともおりますよ）、料理とのマッチングへの興味、あるいは気になる世評のコトなど……。

●ワイン撰び（その六）〝比較でえらぶ〟

さておしまいの第六は〝比較のためにえらぶ〟わけです。較べてみるコトへのたのしみですね。

ワインは一本単独でももちろんたのしむことはできます。しかし、あなたがワインのことをもっと判ろうとかんがえ始めたのなら、迷わず複数のワインを比較してみることです。比較は理解の早径です。そしてご自分なりのワインをみる眼（尺度）をはやくつくるコトです。この比較の方法にもいくつかのやりかたがあります。

しかしこれまで挙げた第一から第六までも、すべて比較といえば比較、興味といえば興味のためなのですけれどね。次章よりそれらのひとつひとつを、より詳しくおはなしするつもりです。

第五章　ワインの撰びかた・たのしみかた（Ⅰ）

「ワインはG《ゲー》・H《ハー》・フォン・ムームの酒蔵の、一九二七年のヨハニスベルゲル・コックスベルクを注文するんだよ。こいつは死者をも墓から蘇らせるワインだ」

E・M・レマルク『愛する時と死する時』より

それでは各論その一として〝地域・国別でえらぶ〟からはなしをすすめてみましょう。

前章にかきましたように、地域でえらぶとは主として身土不二的な視点から、また国別というのは各国それぞれの所謂〝ワイン法〟に注目し、その依ってたつ国民性をみていくことでしたね。

さて、前章でふれました〝テロワール〟ということばの〝テラ〟とは〝土地〟（狭義には土壌）であります。この意味からしてフランスでは〝天・地〟と〝人〟とを二分したわけです。そこでここでは、とりあえずフランス的視点からこのテロワールをみてまいりましょう。

その土地の農業として成りたつブドウ樹の栽培条件とはどのようなものでしょうか。それは要約すれば〝温度〟〝日照〟〝水分〟〝土壌〟の四条件になるでしょう。ブドウ樹あるいはその品種については、第二〝品種でえらぶ〟でまた詳しくふれることになりますが、ワイン用主要樹種であるヨーロッパ系ブドウ（学名ヴィティス・ヴィニフェラ）のおおもとのルーツが温暖（高温）、乾燥、水はけ良好な西南アジア一帯、いってみれば沙漠にちかい土地と云われておるように、雨量のすくない、日照時間のおおい温暖地がブドウ栽培の適地といえます。土壌も有機質が過剰である肥沃な畑よりも、どちらかというと肥料分のすくない痩せた土壌のほうが、果実の収量はすくなくなりますが、そのかわり充実した良質のブドウ果実を得ることができます。

このような条件の制約から、世界の主要ワイン産地は、南半球、北半球ともに緯度三〇から四〇度の範囲に収まることになるのです。もっともじっさいには南半球に於いてはこれが若干赤道寄りにふくらみ、北半球では逆に極寄りに延びてはおりますが。

このようなブドウの生理のしからしむるところ、ブドウ果汁中の糖は光合成の盛んな温暖多日照の低緯度地帯（北半球では南）に蓄積量がおおくなり、はんたいに酸（有機酸）は呼吸代謝などに依る消費のすくなくなる北方（おなじく北半球の高緯度地帯。いかおなじ）ほどおおくなるのです。ちなみにその土地の温冷にかかわれず未熟果中の酸量にはおおきなちがいはありません。しかしその酸が温暖地ほど果実が熟すにつれて生理的代謝（主として呼吸代謝）のために消費減少がおおくなるというコトなのです。

しかし、これは一見すると陰陽相補性の原理に反するようにみえましょう。なぜって、糖（酸にくらべて△）は北（▽）すくない（▽）、南（△）おおい（△）。もういっぽうの酸ははんたいに北（▽）おおい（▽）、南（△）すくない（△）となるからです。これではごらんのとおり〝相補〟になっておりません。

だがこれはタイセツなことを見落としています。モノの陰陽・本質をみるには綜体的見地にたたねばなりません。ひとつの要素のみにかかづらい拘《こだわ》ってはいけない、各各の陰陽ファクターを綜合的に観て判断をくださなければいけないのです。

それかあらぬか、自然とはよくしたものですね。これまでにご案内のとおり糖とは潜在的なアルコール量です。ですから糖の蓄積量がおおく、アルコール醗酵の盛んな南（温暖地）ほど高アルコールの酒（▽）となり（一二～一五度）、寒冷な北ほど低アル酒（比較して△寄り）ができやすいことになります。ちなみに北緯五〇度圏と世界のワイン産地としてはもっとも北に偏した地帯（それはおよそ樺太の緯度）のラインワインにはアルコール度数が１０度前後にしか上がらないワインがおおいのです。しかも北の酸っぱいワイン（▽）ほど肉（△）とよく相補になるのですから……ドイツの肉喰いはゆうめいですね。

このラインワインの主要銘醸品種〝リースリング種〟を温暖の地オーストラリアで栽培・醸造したワインと飲みくらべる独豪ワイン比較は、とても判りやすい興味ある試みとなります。それを第六の〝比較のためにえらぶ〟でためしてみましょう。

●ワイン法

さてこんどはワイン法のはなしです。

ラテンのワイン法、フランスのＡＯＣ[※1]やイタリアのＤＯＣＧ[※2]、ＤＯＣは地理的な相違、それはフランスでは地域（地方）や地区、村や畑などの原産地を、またイタリアではその地域のうち特出した銘柄（これも原産地の特徴がベースになっているコトにかわりない）の呼称を骨子として成りたっています。ここでこそ先に述べた〝テロワール〟というかんがえが生きてくるのです。むろんフランスもイタリアも、それぞれのカテゴリーごとに、厳密にその規定条件がきめられていることは申すまでもありません。

なかでもヒエラルキー的（上下階層的）色彩の濃いフランスでは、この原産地呼称も地域名呼称から畑名呼称（ＡＯＣ畑名呼称はブルゴーニュの例。ボルドーでは最高で村名ＡＯＣまで）へと、その表示区域がちいさくなるにつれて優良になるという、ワインの品質のいちおうの目安にはなります。

しかもこのＡＯＣとはべつのカテゴリーに、ボルドーでは〝クリュ・クラッセ〟（格附け）とよばれるものがあります。これはボルドーでいう所謂〝シャトー〟、云いかえればそれぞれの葡萄園（これはその所有のブドウ畑とワイン醸造所を合わせたもの）を格附けすることです。それは敷衍すれば、なんとその葡萄園の持ち主までも格附けするに等しいとも云えましょう。みなさんよくごぞんじのメドック地区ポーイヤック村の有名なシャトー・マルゴーやシャトー・ラフィットなどを第一級（最上位）と格附けすることがこれにあたります。

いっぽう、ブルゴーニュに於いてはＡＯＣの最高ランクとして畑（クリマ・定地とも訳す）まで格附けし、そしてこの畑が（ある歴史的理由により）また細分化されて複数の（たいていは数おおくの）栽培（醸造）業者に分割所有されています（単独所有はモノポールとよぶ）。そしてこの分割所有された地所を所有しどうじに醸造、瓶詰めまでおこなう生産者をドメーヌとよび、これはボルドーでいうシャトーにほぼ一致するものです。しかしブルゴーニュではボルドーとちがい、このドメーヌの〝格附け〟は存在しません。ですから、ブルゴーニュの銘醸地帯では、ひとつの畑の複数生産者のなかから、優良生産者をえらびだすことがより重要になってくるのです。こうなるとフランス的テロワール思考からはみだしてまさに天地人ですか⁉しかし厳密には人とはいえ土地柄とはいえますまいが。

●ドイツワイン法

これらのラテン諸国にたいして、ゲルマン民族（テュートン人）であるドイツのワイン法が、ワインをその〝スタイル〟で分類していることにそのユニークな特徴のあることは、ヒュー・ジョンソン[※3]氏の本でご案内のとおりです（ドイツのワインスタイルとはＴＢＡ、アウスレーゼ、カビネット等、基本的にはブドウ果汁中の糖度のちがいに基づくもの。ちなみにわが清酒もドイツどうよう、その依るものこそちがえ、吟醸酒、純米酒、本醸造酒など酒のスタイルで分類しているのはオモシロイことです）。

そのドイツでは畑や葡萄園の格附けはありませんから、無名のワインが名声を得るチャンスは、いつでも用意されているかにみえます。最上のワインを造る法的機会は平等なのです。そのためには〝最も完全に熟したブドウの実を育てあげればよい〟のですから。

しかし現実には〝ミクロクリマ〟（小地形気象。ふつう〝微気候〟と訳す）のちがい、畑の土壌・日照等の条件、醸造家の伝統などのために制約はおおいのです。もっとも、そこにこそ〝銘醸ワインの存在するユエンがある〟と云えるのですが……。

だが、かんがえてもみましょう。この世に銘醸ワインというものが存在するかぎり、ドイツに於ける、あるいはフランスに於けるイタリアに於ける法の背景を理解しつつも、けっきょくは銘醸畑と銘醸家の共同作品であるひとつひとつの銘醸ワインの味香を記憶にとどめるしかないのです！ワイン法にせよ、ワインラベルにせよ、かかれているいじょうのコトはなにもおしえてはくれないのですから。またしてもヒュー・ジョンソンのことばを借りれば、ワイン法やラベルが「ワインを胸躍らせるようなものにすることはない」のです。

そしてそれは、繞りめぐって、やはり〝風土と人〟という命題にゆきつくのです。

※1　AOC＝アペラシオン・ドリジーヌ・コントローレ（一九三五年制定の農業製品に与えられる品質保証。原産地呼称統制のこと）

※2　DOCG＝デノミナツィオーネ・ディ・オリヂーネ・コントロータ・エ・ガランティータ（フランスのAOCにあたる。DOCはその下のランク。これはフランスでいうVDQSとおなじ）

※3　ヒュー・ジョンソン＝Hugh Johnson　一九三九年生まれ。イギリスのワイン評論家『ポケットワインブック』

第六章　ワインの撰びかた・たのしみかた（Ⅱ）

「最初の一口でわかる！胃袋へいかないで、真直ぐ眼の奥へいって、世界を一変させてしまう」
「あなたさまはワインがおわかりでございますな」

E・M・レマルク『愛する時と死する時』より

前回のワイン撰び第一〝地域・国別でえらぶ〟に、世界の主要ワイン産地の国別、地域別の生産地名称やら栽培ブドウ品種、またその生産地の地域的特徴などなどの一覧を期待なさったムキには、その内容は少少肩透かしであったかもしれません。

しかし、その周辺のコトをしりたいかたのためのワイン本は、げんざい数おおくめにすることができます。ここではそのさらに奥にある、地域のちがい、テロワールのちがいを生む要因の依ってたつところを、食養的、身土不二的にかいてみたかったワケなのです。こんごもそんな視点をもちたいものです。ちなみに、フランス人がテロワール（天・地＝自然的要因）とひと（人的要因）を分けるのは云うまでもなく二元論的でありまして、ちっとも身土不二的ではありませぬ。

つぎの〝ワイン法〟にしたところで、世界事情や周辺諸国の事情を考慮、加味するひつようがあるとはいえ、詰まるところ御家《おいえ》の国民性、身土不二の反映にすぎぬものでありましょう。

さてさて、その二の〝ブドウ品種でえらぶ〟のはなしでした。

先にブドウ樹の生理としてかきましたように、げんざいのワイン醸造用樹種のたいはんを占める所謂〝ヨーロッパ系ブドウ〟（学名ヴィティス・ヴィニフェラ、いか略してV.V.）は基本的に温暖・乾燥を好むものです。そしてさらにこれを細かく分類すればつぎの三系統に分けられています。

いわく東洋系（V.V.オリエンタリス）。これにはわが国の甲州種や善光寺（竜眼）種なども含まれます。そして第二の西洋系（V.V.オクシデンタリス）には後述する有名ワイン用品種のほとんどが属してしまいます。第三が著名ブドウ樹に恵まれない黒海系（V.V.ポンティカ）です。しかしこの系がV.V.のルーツであるとも云われております。

このV.V.に対するもういっぽうの大系統に〝アメリカ系ブドウ〟（ヴィティス・ラブルスカ）があります。この系統は比較的寒冷、湿潤に耐える力をもっています。ですから雨のおおいわが国ではブドウ樹の接木の台木としては最適なワケです（もっとも、この系統が日本を含め世界ぢゅうで台木用途として使用される最大の理由は、〝アメリカ・ブドウ根虱《ねじらみ》〟フィロキセラ・ヴァスタリクスに耐性、抵抗性をもっていることなのですが）。品種としてはみなさんよくご存じのデラウエアや巨峰、ナイヤガラやコンコードなどがこの系統に属しております。そしてここからすぐ想像していただけるように、その用途のほとんどすべては生食用、ジュース用、乾葡萄用となるのです。

しかし、この二大系統が世界のブドウ樹のすべてではけしてありません。北半球の温暖から寒冷にわたる地域には、それぞれその地域、地方特有の自生種（野生種、原生種）が存在します。のちに詳述します四大ブドウ品種のひとつ〝リースリング種〟すら、つうじょうはV．V．に属する一品種というのが定説でありますが、一説にはライン河畔の自生種ヴィティス・トイトニカから発生、改良されたともみられております。

そしてここから推測されるのは、小アジア（一説にはカフカス地方）をルーツとするV．V．系のブドウ樹種が、ローマ人に依ってガリアの地（ヨーロッパの中央部）にもち込まれ、そこに自生していたヴィティス・シルヴェストリスと交雑したモノが、げんざいおおくの銘醸用品種を含む西洋系（V．V．オクシデンタリス）の祖型となった、とするのがしぜんなみかたというものでしょう。ちなみに南半球に於いてはブドウ樹の自生はしられておらず、ワイン醸造用のみならず、げんざいのブドウ樹種はすべて人為的に北半球から移植されたモノなのです。

わが祖国の山野にもごぞんじ〝ヤマブドウ〟や〝エビヅル〟がみられ、一部にはなんと〝マンシュウヤマブドウ〟（ヴィティス・アムレンシス）の自生すら確認されております。蛇足ながら、これらの自生種からホームメイドの〝葡萄酒〟を造るたのしみはまた格別なものがあります！（笑）

さて、このおおくの西洋系のブドウ樹種群のなかでも、とくに銘醸ワインを生みだす品種を〝高貴種〟などとよぶばあいがあります。そしてなかでも著名な四品種を撰んで所謂〝四大ブドウ品種〟とよび慣わしております。すなわち、フランス・ボルドー地方の赤ワイン用品種〝カベルネ・ソーヴィニヨン〟、おなじくブルゴーニュ地方には〝ピノ・ノワール〟（赤）、〝シャルドネ〟（白）があり、これに前述のドイツの〝リースリング〟（白）を合わせて四大と称するわけです。むろんげんざいではこれら四種とも、もともとの出身地を離れ、世界ぢゅうの適地に於いて、それぞれ特徴あるワインを生産しています。かんたんにこれら四種の味香の特徴と性格にふれてみましょう。

まずカベルネ・ソーヴィニョンの第一に重要な特質は、その厚い酒肉をもたらす豊かな酸とタンニンの存在であります。長期熟成に耐え、またそれをひつようとする所以です。

〝黒スグリや木質（杉）を想わせる香り〟とはよくめにする表現ですが、そのインク様の錆っぽい独特の味香は、いちど典型を経験すれば以降永く記憶にとどまり忘れることはないでしょう。そのためどちらかというと経験者むきの味筋とも云え、赤ワインの初心者がそのよさを理解するには時間がひつようとなりましょう。比較的温暖を好み、土壌などにたいする適応力のたかい優等生の面をもっています。

これにたいしてピノ・ノワールはより冷涼な気候に適し、土壌もえらぶという気難しい性格の持ち主です。

その味香はカベルネ種と比較してすくなめなタンニンのせいもあってか、スムーズで繊細なテイストをもち、なかでも最高出来のこのワインを永く寝かせたものには、絹《シルク》のような滑らかな喉ごしと複雑な果実風味、またクラクラするような強烈な香りをもつようになります。

もうひとつのブルゴーニュ出身の白ワイン用品種シャルドネは、いぜんシャルドネブームを巻き起こしたコトで記憶にあたらしい。

このワインの味香はといえば、果実味は豊かですが香りは比較的穏やかでニュートラル。そのあじわいの依ってきたるところは、〝バレル・ファーメンテーション〟（樽醗酵）や〝スキンコンタクト〟といった様ざまな醸造技法を駆使することでバラエティーに富むものに仕上げてゆくというものです。また、北方シャブリの鋼《はがね》のような硬質さから南国のトロピカルフルーツを想わせる豊潤さまで、テロワールによっても様ざまに変化します。貯蔵時のオーク・カスク（樫樽）のつかいかたもポイントのひとつとなります。

どちらかと云えば冷涼な気候を好みますが、土地への適応性はたかく、カベルネとならんで優等生と云えましょう。

おしまいに、ドイツの銘醸白ワイン用品種〝リースリング〟について。このリースリングはいぜんにもかきましたように、おなじライン河畔に於いてさえ、ラインガウ地域とモーゼル地域とではその味香のニュアンスをちがえ、それぞれその土地特有のあぢわいをもつようになります。ドイツご当地で〝百面相〟と謂われる所以です。

ドイツの産地では、その北緯五〇度圏という北に偏した土地柄と、そのほんらいの晩熟性ゆえに、豊富な果実酸とこれまた豊かで複雑なミネラルを含有しつつ熟してゆきます。

この豊かでニュアンスに富んだ果実酸とスタイル別に残された糖（先回のドイツワイン法参照）との絶妙のバランスは、世界の他産地では求めても得られぬ独リースリングワインのひとり舞台というものです。（他産地のリースリングの味香については別項でふれることになります）。

さいごに、これらそれぞれのブドウ品種も、造りかたのちがいによって、がらりとそのスタイル（味香のちがい）を変えることを忘れてはいけません。この点ものちにふたたびふれましょう。

第七章　ワインの撰びかた・たのしみかた（Ⅲ）

「彼は飲んだ。ワインが陶然としみこんできた。彼はエリザベートを見た。彼女も陶然とした気分の中に溶けこんでいた。心を軽やかにさせ、意気軒昂とさせるのは、いつも思いがけないもの、必要を超越するもの、不必要なもの、一見無益に思われるものだ。不意に、彼はそう悟った……」

E・M・レマルク『愛する時と死する時』より

さて前章のさいごに「これらそれぞれのブドウ品種も、造りかたのちがいによって、がらりとそのスタイル（味香のちがい）を変えることを忘れてはいけません」とかきました。

それはワインメーカー（日本でいう杜氏）が、しかし最終的にはむろんオーナーがどんなワインを造りたいのか、どのようなスタイルをえらぶのかというコトです。これは前記したブドウ品種、テロワール（これもせまい意味の）とならんで、ワインの味香のちがいを生む第三のファクターとなるでしょう。

さらにそのワインスタイルについて具体的に記せば、ドイツのように果汁糖度のちがいでスタイルを分けるのもひとつ。また完熟ブドウ果を使用するコトはいっしょでも、それを醸造由来の味香あるいは熟成由来の味香（これらを〝ブケ〟とよぶ）を重視する所謂〝古典的《クラシック》スタイル〟（ことにフランスにはまだこのスタイルの信奉者がおおい）に造るか、あるいは果実由来の味香（〝アロマ〟と云う）重視の〝新大陸スタイル〟に造るかもまたそのひとつ。むろんここで云うまでもなく、このスタイル（味香のちがい）とワインの〝よしあし〟は別ものです。

●良し悪しふたつのかんがえかた

だがしかし、この〝よしあし〟という一見平凡なコトバが、じつはふかい考察と洞察力をひつようとするのであります。ここではその〝よしあし〟をふたつに分けてかんがえてみましょう。

そのひとつはノエマ（客観）としてのブドウ果実とそれから造られるワインの客観的な出来不出来。ワインの世界では、よいモノ、よい質とはつねに普遍性と客観性に富んでいる、と従来から云われてきました。よいもの、よい質とはなにかをきめる客観的な基準を定めるならばそれも可でありましょう。そしてこれをワインのバラエティー、味香のちがいを生むファクターと捉えるならば、ここまではよろしい。それは第二判断力（感覚的）の世界です。（第二、第三判断力とは桜沢如一の提唱する〝判断力の七段階〟による）

またひとつはノエシス（主観）としての個人的な価値観、端的に云えば好き嫌いを意味します。これは食養的にみればあきらかにその個人の体質、体調に遠由するものでしょう。これは第三判断力

（感情的）の世界です。しかし、このワインのよしあし、ワインの価値観を第二、第三判断力だけに押し込めてしまってよいものでしょうか⁉

感じる主体（ひと）と感じられる対象（このばあいワイン）との合一、交歓、交替、転換（裏を表に、オモテをウラに）の一元的世界。感じられるモノに感じられている自分。この易なる感覚を感覚するときのたのしみの世界をしってしまうと、判断力のさらなる飛躍の瞬間が存在することに気づくのです。〝ひとは食べものを食べながら、同時に食べものに食べられている〟というパラドックスのただしさを再発見するのです！ 〝酒は飲んでも飲まれるな〟ではなくして、まさに〝酒を飲んだら飲まるべし〟の実感であります。そしてこのとき、ひとは対者をたてたり分別したりという、従来の二元的価値観のドグマからの解放を経験することになるでしょう……。

さてさて、たかがワインをたのしむだけに、ずいぶんとややこしいハナシに陥ってしまって慙愧慙愧、ご寛恕のほど。

●ワイン三つのタイプ

がらりと話題をかえて、ぐっと現実的なその三〝値段でワインをえらぶ〟はなしにうつりましょう。

一般的にモノ（ワイン）の価格を決める要素《ファクター》をいくつか挙げてみます。まずかんがえられるのが手間（労力、時間）などの人件費の多寡。ここに果実・果汁の高品質化への努力（摘果量のコントロールやブドウ樹クローンの選択など）も含めてしまいましょう。

むろんわすれてならない要因にいぜん詳しくかきました各国ワイン法に準拠する原産地呼称やク

リュ・クラッセなどの格附けに依るランクの高低。それにだれでも気づく希少性や人気度。また知名度（高名性）、これは所謂ブランド力といってもよく、また伝統にたいする価値観と云ってもよろしい。そしてこれら（だけに限りませんが）のファクターにヒエラルキー的視点が加わると、ワインの価格のみごとなまでの階層性が実現することになるのです。

余談ですがわが清酒はどうかと申せば、この西欧的ヒエラルキー性とは対蹠的に、これまたみごとな唯我独尊性であります。ＮＨＫの大河ドラマ風に云えば戦国諸大名の群雄割拠みたようですな。ここでは蔵元の判断がおおきな比重を占めることになります。

そしてこれらの要素の重要性の序列に依り、世界のワインはおよそつぎの三タイプに分かれましょう。すなわち、第一に価格相応（リーズナブル）なワイン。第二にお買い得（コストパフォーマンスのたかい）ワイン。第三に少少ことばはよくないのですが、玉石混淆で価格の判断に迷いや疑問の生ずるモノが混在するワイン群。ここではより〝目利き〟が重要になってまいります。だからオモシロイとマニア連は宣うでしょうが……。

このうち第一のタイプにはいっぱんにオーストラリアやニュージーランドまた合州国などの所謂新大陸のワインがはいります。旧大陸でもドイツのワインなどはここにいれてもよいでしょう。第二にはチリ、アルゼンチン、南アフリカなどのこれも南半球のワインが属します。そして第三群が旧大陸でも伝統的なワイン大国であるイタリアやフランスなどのラテン諸国のワインです。おなじラテンでもスペインやポルトガルのワインは高価なシェリーやポートをのぞき、そのたいはんは第二のタイプにいれるのが妥当といえますが。

第八章　ワインの撰びかた・たのしみかた（Ⅳ）

●ワインは嗜好品か嗜みか

「嗜好品とはよんで字のごとく、口が老いる日まで好んでたべる食物のコトです」

現代の或る美食家のコトバ

世間ではふつう、「酒（ワイン）は嗜好品だ」と云うようないいかたをいたします。たしかに〝嗜好品〟を辞書でひくと「栄養摂取を目的とせず、香味や刺激を得るための飲食物。酒、茶、コーヒー、タバコの類」（広辞苑）などとでてきます。〝嗜〟という漢字も字義は〝旨〟と〝口〟をあわせて「ひとかたならず好む意」（角川漢和中辞典）とありますから、この美食家のことばはいよいよ真実味を帯びてくるようです。

しかし〝嗜《たしな》み〟ということばがあります。その辞書的意味に〝心得〟〝心がけ〟のほか、「〝つつしみ、節度〟」がでてきます。ここではこの第三の意味に注目してみたいのです。すなわち、「嗜好品とは嗜み（慎《つつし》み、節度）のこころが好むモノ」（「飲食節あり、起居常あり、之を修身と云う」・素門《そもん》）とみることもできるわけです。ここで〝貪慾《とんよく》〟と〝知足《ちそく》〟とみちはふたつにわかれ、そのどちらをえらぶかに、ひとの判断力が問われるのです。

そもそも、ひとの〝嗜好〟（ひとそれぞれの好み）を生むモノとはなんでしょう。それはたとえば、そのひとの棲みなす〝気候風土〟〝風土の産物〟〝風土の制限〟〝土地柄の影響〟〝その土地特有の調法や食作法〟などなどの複合、云ってみれば「その生まれ育った土地の永年培ってきた食の伝統」やら「その家系が連綿としてあい嗣ぐ食の系譜」。それをひとことでもうせば、お馴染み〝身土不二〟となりましょう。

「しかし、肉食ばかりやっている國民よりは穀食をやっている國民が偉いとか強いとか云ふのでもない。どちらでもよいのであるが、われわれは一定の環境に於いて、何を食することによって、正しい肉體と精神がつくりあげられるかといふことを知らねばならぬといふのである。正しい肉體と精神を作りあげる生活は、三千年来の國民生活の中になければならないと信ずるのである……」（櫻澤如一『人間の榮養學及醫學』昭和十四年刊）。

この意味の身土不二は、ワイン編第一章の冒頭、「アルゼンチンにおけるパンパのブドウ栽培（すなわちワイン醸造）は、こうした牧畜中心の農業の上に成り立った肉食生活と補完関係にある」を憶いださせるものがあります。

●日本人のワインの楽しみ方

ここまで判ったうえで、それでは日本に於ける日本人にとっての〝ワインのたのしみ〟とはなんでしょう。（「パリから、日本に食養法を学びにとんで来たエクスジャンは、その歓迎会の席上で云った――日本には西洋人のイミテーションが沢山いますネ。ミナサンも私たち西洋人のようですネ。……中略……マルデ諸君は西洋人だ！　――これには私もおどろいた。しかし考えてみると、モー西洋と日本のチガイはないようだ。判断力による人間の分類だけがモノを云う」桜沢如一『宇宙の秩序』より）。

　そうなのです。ここで誤解を恐れずにあえて云えば、それを実行する資格をもつひとならば、大冒険をしてみるのもユカイなことです。長期的、根本的には、云うまでもなく〝食正しければひとまたただし〟なのでありますから、僅かばかりの飲酒などたのしいアソビとするような健全な身体（その肉体も精神も）を確立することを第一義とすべきなのです。正しい食によって確立された健康にとって、量のもんだいをさえ注意なされば（少量の陽大量の陰あるいは量は質を殺す）、酒や莨《たばこ》などといった嗜好品はむしろたのしいあそびと云えるかもしれません。

　肉とワインが相補ならば（補完関係）、それもよいではありませんか。「このワインはテンプラに合う」「このワインはサシミに合う」などと姑息なコトを云うひとがいます（主として売る側の論理）。逆説的にきこえるかもしれませんが、これこそまさに〝西洋人のイミテーション〟そのものではないでしょうか。なぜって、そうしてまでもワインを日常化（ケの日化）したい（西洋人にとっての肉とワインの組合わせ）という欲望がまるみえですもの。このココロを釈尊はいみぢくも〝五蘊盛苦《ごうんじょうく》〟と道破くださっております。

「くだものが食ひたい人は食ふがよろしい。……中略……食養と云ふものは、何を食っても、たとへ土を食ひ、水を呑み、ヒジを枉《ま》げて枕として楽しく、愉快に生きて行ける様な人間を造る法なのである」（前掲『人間の榮養學及醫學』）。

前回の冒頭にレマルクの小説からつぎの数行を引いてみました。「……心を軽やかにさせ、意気軒昂とさせるのは、いつも思いがけないもの、必要を超越するもの、不必要なもの、一見無益に思われるものだ。不意に、彼はそう悟った。……」

まさに表あれば裏あり、これらレマルクのことば、ハレの日のたのしみの與えるこういったこころの昂揚は、ここでこそ生きてくるのではないでしょうか。肉体の余裕、精神の余裕をもちたいものです。「兵の日は常の日。常の日は兵の日」。ケの日に培われたモノのたいせつさということをおしえてくれます。

さてさて困りました。ここまで大上段に構え大見栄を切ってしまうと、気安くワインをたのしんで戴くつもりではじめた〝撰びかた・たのしみかた〟が、とてもかき辛いものになってしまいそうです。

まだこの〝ワイン撰び〟には〝シチュエーションでえらぶ〟（その四）〝興味でえらぶ〟（その五）〝比較でえらぶ〟（その六）の三つがのこっています。

そこでこの三項目については、食養の観点からみても興味を惹く例をいくつか挙げてみましょう。

まず第四のＴＰＯからは〝夏のワイン・冬のワイン〟はいかがでしょう。桜の花見にピンクのシャンパンの通俗では芸がなさすぎますから……。

このうち夏向きのワインとしては、よく冷やすことでもちあぢのたかまる〝リンゴ酸〟のしっかりした白ワイン、具体的にはロワールのミュスカデ（ワイン用ブドウ品種。いかどうよう）や辛口のリースリングなどはどうですか？　銷夏のワインとしてそのワケを食養で解いてみてください。

また冬向きのワインとしてお燗した赤ワインはジョークとしても（グリューワインといってじっさいにスイスのスキー場などでときどきみかけます）、醤油をつかった魚料理（あまり食養的でないのが憚られますが、味の濃いブリやカンパチなどの付け焼き、煮魚、鍋物）と暖地産でタンニンのまろやかな豪州のシラーズとの組合わせをお試しあれ。

さてつぎの第五〝興味〟からは薬草味香が特徴のゲヴュルツトラミーナーと薬膳中華、あるいはある種のハーブ風味がもちあぢのソーヴィニヨン・ブランとハーバルなエスニックはいかが。これは相性のよい組合わせ。

反対に酸（リンゴ酸）のつよい辛口白ワイン（前記ミュスカデなど）と生臭みのつよい生魚類や魚卵類の取り合わせ。むろんこちらのほうはイタダケナイ組合わせですよ。

さいご第六の〝比較〟として恰好の独リースリングと豪リースリングを比較テイスティングしてください。この寒地・暖地のちがいがそれぞれのワインのもつ酸や甘みやアルコール度数にまさに正反対の数値となってでることは驚きをよぶことでしょう。そして銷夏のワインのみならず、以上その四からその六までのすべての例を食養の原理でかんがえてみることも、きっと興味ぶかいたのしみとなるでしょう。

第九章　ワインの撰びかた・たのしみかた（Ⅴ）

じつは前章の原稿をかきおわり、よみなおしていながら、おもわず苦笑してしまいました。なぜって、文中「テンプラ・サシミにあうワインという発想は姑息な西洋人のイミテーション」などとコキおろしておきながら、そのすぐあとに薬膳中華はご愛嬌としても、なんと〝付け焼き、煮魚、鍋物〟ですものね‼

しかしあえて苦しいエキスキューズをさせていただけば、〝食養〟という本文の性格上、あまりハメを外すわけにもまいりません。ワカっていながら、そのママにしておいたのです。

擬製豆腐という料理があります。ほんとうは奈良の尼門跡寺院である円照寺の義省尼《ぎせい》の考案に依るところから、この〝ギセイ〟ということばはでたようなのですが、まあそれはさておき、菜食、食養、精進料理の世界には、まさにことばどおりの〝擬製料理〟がかなりたくさんみうけられます。

食養でもグルテンカツあたりからそろそろ首を傾げたくなりだし、植物性の素材のみからホンモノそっくりの、みごとなまでの鰻の蒲焼きや魚の姿造りなどを拵えたりなさるのをみると、そのイヂマシサにはふかく同情もうしあげますが、これがあまりに過ぎると、かえって未練たらたらでみぐるしいものです。

それよりも本筋としては、先にもかきましたように、ハレの日のたのしみなどは〝だのしいアソビとするような健全な身体の確立をこそ第一義とするべき〟ではないでしょうか⁉ そんなひとにとって、慎み、節度をもっていただくワインで、たまに冒険などしてみるのはユカイなことかもしれません。

さて、前章の三項目について、陰陽の原理でかんがえてごらんになりましたか？

このさい参考にしてほしいのは、日本酒編第四章〝調和型と相補型の提唱〟にある〝変化型〟〝不変化型〟、あるいはおなじみ〝相補〟という概念です。またこれはワイン編第二章のつづきのようなものですね。

それではその四〝シチュエーションでえらぶ〟の〝夏向きのワイン・冬向きのワイン〟からみてまいりましょう。

夏によく冷やしておいしいミュスカデやリースリング（ともにブドウ品種。いかどうよう）などの白ワインにおおく含まれる〝リンゴ酸〟は、冷効果のつよい▽性の代表的な有機酸。ですから夏という△性の気候とはよく相補となり、暑さしのぎ（銷夏）の、からだにもやさしい飲みものになります。

また冬に旬となるブリなどの青物（中層魚）が、基本的には辛口である赤ワインのなかにあって、豪州のシラーズ（赤ワイン）のように暖地産特有のタンニン（△）や乳酸（△寄りの酸）のやわらかでまろやか、仄かな甘みさえかんずるワインによく合うのは、これは相補型、異性型の組合わせではなく、逆にブリ（△）とシラーズ（△寄り）という調和型、同性型のパターンに依るというワケなのです。むろんこの飲食（△）は冬（▽）という季節とは相補になります。ですから、冬との相補をかんがえるなら、これまた食養的でなくてもうしわけありませんが、シラーズよりタンニンや乳酸が豊かできつい（ですからシラーズに較べてより△）カベルネ・ソーヴィニョンと肉料理（△）との組合わせのほうがより相補的とは云えるでしょう（エスキモーと肉食）。

この伝でいけば、つぎのその五〝興味でえらぶ〟のゲヴュルツトラミーナーやソーヴィニョン・ブラン（ともに白ワイン）とハーブやスパイスの風味豊かな中華薬膳やエスニックの取り合わせも、これは云うまでもなく▽と▽の同性型ですね。

そしてここからオモシロイことが判ります。いじょうみてきましたように、料理とワイン（これが日本酒ではなくワインであることに注目！）の組合わせでおいしくかんずるもののたいはんは〝調和型・同性型〟になりますね。しかも興味ぶかいことに、この同性の性質が双方ともにつよすぎない取り合わせなのです（三八頁参照）。この意味で従来（異性型・相補型の存在にまったく気づかず）同性型・調和型の組合わせのみをおしえてきたソムリエ学校にもそれなりのワケがあったのです。

むろんなかには若干の例外はあります。それは独逸《ドイツ》のトロッケンベーレンアウスレーゼ（ＴＢＡ）とならんで、極甘口白ワインの代表である仏蘭西《フランス》ソーテルヌ（▽）とフォワグラ（△）、あるいは高酸味甘口熟成古酒（この酸は清酒特有の乳酸で、これは△寄りの酸です。これに熟成の△が加わります）とリヴァロなどのウォッシュタイプのチーズ（▽）の取り合わせなどです。第三の味を創出する組合わせというワケですな。これを料理の世界でいみぢくも〝マリアージュ〟（結婚するの意。男△と女▽）とは云い得て妙！

つぎに頂けない組合わせであった、生臭みのつよい魚卵類や生魚と高酸味辛口白ワイン（この酸は云うまでもなくリンゴ酸）のばあいはどうでしょう。具体的には前記ミュスカデ（▼）などのワインとカズノコ（魚卵）やカツオ、マグロなどの〝血合い〟の部分との組合わせです。そしてこのばあいは味（血合いの味・▲）のほうではなく、その強烈な匂い（血合いの生臭み・▼）をみてみるわけです。ワイン編第二章にあるように、ワインのつよい陰性（▼）と生臭みのこれまたつよい陰性（▼）の同性同志、これは云うまでもなく〝不変化型〟ですから、反発・増幅を起こすのはめにみえていますね。

それでは血合いの味（▲）のほうはどうでしょう。こちらはタンニン（△）の渋みのつよい赤ワイン（▲。このばあい、あくまでも渋みの▲）が不変化・反発要素となるのです。ですから魚の血合いと赤ワインも頂けないペアとなりましょう。つまり▲と▲の反発力が血合いの味のクセを増幅させるワケなのです。そこから、このような不快なばあいには、おなじ同性型とはいえ、おいしくかんずる組合わせとは異なり、同性の性質がともに極めてつよいことが判ります。この〝極めてつよい〟という要素は異性・変化型に於いても顕われ、ずっとまえに疑問にだした〝玉子料理とワイン〟（▲と▼）のばあいがこれにあたり、それは烈しい変化となって双方のもちあじをだいなしにしてしまうのです。そしてこういった事実からワインというものの基本的な性質が判明してきます。

まあこういった〝変化・不変化〟の理《ことわり》などまでふか入りせずとも、もっと基本的な生活法として、西洋人は知ってかしらずか、陰性のつよいワインと組合わせる食物が、これと相補となる動物性食品であるということを巧まずして手にしていたワケですね。食養からみれば、少少力点と作用点が支点から離れすぎておるのが心配ではありますが……。

さいごにその六〝比較でえらぶ〟をみてみましょう。豪州のリースリングと独逸のリースリングのワイン較べでしたね。

まず、ワイン自体の比較のまえに、その生育環境のちがいをくらべてみます。

日照条件は前者豪州でおおく、つよい（△）、後者独逸ですくなく、よわい（▽）。気温は前者たかく（△）、後者ひくい（▽）。したがって呼吸代謝による酸の自己消費量は前者おおく（△）、後者すくない（▽）。大気は前者乾燥（△）、後者湿潤（▽）。本質的に豪州は沙漠のくに、独逸は森のくになのです。収穫期は前者はやく（短時間の▽）、後者おそい（長時間の△）。このほかにまだいくつかのファクターはありますが、以上述べた生育条件のちがいからだけでも、それぞれのワインのもつ味香がもののみごとに正反対に顕われることが予想されます。

その味香のちがいについては、下に表にしてご覧

※豪州、独逸リースリングワイン対照表（むろんすべてに例外は存在する）

味香要素＼産地	豪州産リースリングワイン	独逸産リースリングワイン
酸味	一般に少ない。単純・硬質	多い。複雑
甘味	少ない	多い。（バラエティに富む）
アルコール度数	高い（１２〜１３％）	低い（７〜１１％）
ミネラル	少ない。あるいは単調	多い。複雑
香り	フルーティ・柑橘系	複雑・独特

にいれましょう。それはまさにリースリングが百面相とよばれることも宜なるかなといったところであります。

　むろんこれらのちがいは、よいわるいという価値観のもんだいではなく、まさに風土のちがいに由縁する嗜好というモノを生む興味ぶかい現象であり、身土不二的観点からみれば、それぞれの風土のもつ空気感（かたや乾燥・広大、かたや湿潤・狭小）にまことによくマッチするワインができあがるというコトなのです。カラリとして爽やかな大気のオーストラリア大陸で飲む、カチっとした硬質な酸味の、よく冷やした辛口の豪州リースリング・ワインは現地なればこその、こよなきたのしみとなりましょう。なんといってもご当地はシーフードの宝庫ですものね！

第十章　ラインラント・ヴァインラント

独逸《ドイツ》の俚諺に〝ラインラント・ヴァインラント〟（ラインの土地はワインの土地）なるものがあります。

　そして独逸ワイン、旧い云いかたをすればラインワイン（ラインヴァイン）は世界のもっとも偉大なる白ワインといわれており、なかでも〝ラインガウ〟ならびに〝モーゼル〟地域のヴィンテージ（出来年）の収穫からは、〝天の雫《しづく》〟あるいは〝死人をも蘇らす〟ともよばれる比類なき逸品の数数が生まれます。

　もともとラインワインの故里ライン河流域（ことにラインガウ・モーゼル地域）は、世界の葡萄栽培の北限（なんと樺太中部と同緯度となる北緯五十度圏‼）といわれる条件の酷しい処。しかし人びとはこの地に、〝天然の摂理〟ともいえる自然のめぐみによって、〝神の酒〟（マルチン・ルター）ともよぶべき銘酒を醸すことに成功したのです。

　そのひとつが、この地方に自生していた原生葡萄樹種〝ヴィティス・トイトニカ〟から改良・発展したともいわれる、白ワイン醸造用の葡萄品種〝リースリング〟（Riesling）種の発見であります。

ドイツ・ワイン産出地域
（全十三地域中四地域）
①ラインガウ
②モーゼル・ザール・ルーヴァー
③ザーレ・ウンストルース
④ザクセン

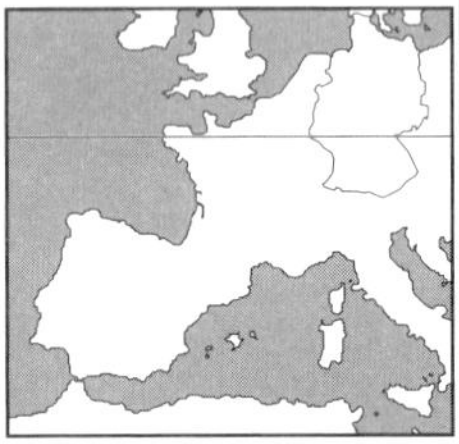

北緯50度線

ドイツ・ワイン産出地域地図

このドイツ最高の葡萄品種、高貴種ともいうべきリースリングは、その栽培される土地の土壌、気温、湿度水分、太陽の積算日射量、各種の手入れ、摘みとり時期、醸造技術、貯蔵熟成の状態、さいごに飲みかたにいたるまで、様ざまな、あらゆる条件に敏感に反応し、その生産地域（ドイツワインは大区分として、より北に偏した旧東ドイツの二地域を含め、ライン河周辺のラインガウ、ラインヘッセン、プファルツ、モーゼル・ザール・ルーヴァーなど十三地域をわける）、そしてその地域を分割した地区、また地区を細分した各おのの畑やその栽培者に依り、まさに千変万化の味香を発揮するのです。百面相といわれるリースリングの面目躍如というものでしょう。

また自然のめぐみは葡萄樹種のみならず、その地形にもおよんでおります。

さきほどものべましたように、北国のこの寒冷な気候は、葡萄たちにすこしでもおおくの太陽を要求させるのです。しかし、このラインラントは独逸最高の日溜まり地帯とよばれています。ことにラインガウ・モーゼルの二地域には、この〝めぐみ〟が集約したかの感があります。

それをまずはラインガウに例をとってはなしてみましょう。

スイス国境の湖ボーデンゼーに源を発したライン河は、バーゼル付近からほぼ南北に流れを変え、マインツ付近に到って西にその流れを転じます。そしてビンゲンにおいてふたたび北に向きをかえるのです。

このマインツの対岸ウィスバーデン、マイン河口ちかくのホッホハイムあたりから、ビンゲンの対岸リューデスハイム、アスマンスハウゼン、ロルヒに至る北岸南向き斜面約二〇マイル（なんと僅か三〇キロメートル強にすぎない！）を〝ラインガウ〟とよんでおります。

ここに約三〇〇〇ヘクタールの葡萄畑があり、その八〇パーセントにリースリング種を栽培しています。そしてその広からぬ畑からは年産二三万ヘクトリットルのワインが生産されておるのです。これはワインの普通瓶

ラインガウの銘醸シュロス・ヨハニスベルガ—のブドウ畑内に立つ北緯五十度圏標識。その緯度はなんとカラフトと同緯度にあたる。

三〇〇〇万本分にあたるのですが、一見おおそうにみえるこの数字も、ドイツ十三地域の二・五パーセントにすぎず、第八位にしかならないのです。

さて、"めぐみ"のはなしにもどりましょう。

この地域ラインガウでは、北を扼すタウヌスの連山（実体は小高い岡の連なりにすぎない）が衝立のように囲んで朔風の守りとなし、南を悠然と流れるライン河は、実りの秋には温かな水蒸気で葡萄山を蓋い、寒さから果実を守るとともに湿りをもたらすのです。

また穏やかに流れる鏡のようなラインの河面は、その水面の反射によって、より豊かな太陽の恵みを葡萄樹のうえに降りそそぎます。むろんラインラント全体を大局的にみれば、ヨーロッパ西岸を北上する暖流、メキシコ湾流の影響をみのがすことはできません。

もうひとつの銘醸地であるモーゼルをみてみましょう。

この地域の中心をなすモーゼル河は、コブレンツでラインの本流とわかれ、南北にフランス国境へと遡る一大支流ですが、その流れはひじょうに穏やかで、またいちじるしく蛇行しております。このため各処に東西に流れる部分ができ、ちいさな日溜まりちいさなラインガウが無数に存在することになるのです。またこのモーゼル川には極度にきりたった地形がおおく、斜面が急であればあるほど、北国のひくい太陽の直射率はたかくなるということになりましょう。このためモーゼルの地では、"葡萄畑は崖を攀じる"と云われています。それゆえに"鋤の使えるような畑に葡萄は育たない"という諺もうまれるのです。

このちいさな南向きの斜面には、真南を示す日時計のみられる畑がおおく、"Sonnenuhr"（ゾンネンウーア、日時計）とよばれる畑の名はここに由来するのです。このような急峻な地形の畑では機械化は望むべくもなく、鍬で耕すことからはじまって、枝おろし、枝むすび、施肥、薬剤散布など、葡萄樹一本につき年間一七回もの各種の手入れをひつようとするその作業は、すべて農夫の手仕事となるわけで、このように手の掛かる農業はほかに例をみません。

この狭くて急な、しかも手間の掛かる土地では、優良品種を栽培しなければまったく採算のとれないことがおおく、そのため栽培家（ヴィンツァー・マイスター）や醸造家（ケラー・マイスター）はそれぞれの秘技を尽くして銘醸ワイン造りにとりくむのです。じじつ、このモーゼルワイン特有のキリっとした酸を生みだす粘板岩質土壌（スレート）で栽培される葡萄品種はそのたいはんがリースリング種であり、その白ワイン比率はラインガウを凌ぐ九〇パーセントにもなるのです。

出来のわるい年の収穫を、己が名を伏せて混合ワイン屋やゼクト屋に売り払うという誇りたかい栽培家のおおいことも、この間の事情をものがたっていると申せましょう。

このような理由《ワケ》で、モーゼル、ラインガウのワインは画然たる品質を有し、世界白ワインちゅうの白眉、"神の酒"と称せられるのもムベなるかなといったところなのです。

第十一章　ライン・ラント・ヴァインラント・Ⅱ（回想）

「太陽なのですよ。秋にそれを熟らせる太陽なんです。その太陽がまたその中から輝き出すのでございます。ラインラントではこういうワインを聖体顕示台《モンストランツ》と申しております」

E・M・レマルク『愛する時と死する時』より

ぐうぜん手にしたこの小説によって、ゲー・ハー・フォン・ムームという酒蔵のなまえや、ヨハニスベルガー・コッホスベルク、ヨハニスベルガー・カーレンベルクというワインを識った。小説の魅力にひかれて、これらのワインを、とうじ旧シュミットのワイン部におられた、いまは亡き古賀守さんにドイツから取り寄せてもらって飲んだのは、一九六〇年代のなかごろ、正確にいえばもう半世紀のむかし、まだ十七歳のころのことだった……。

憶い出ふかい国立ワイン大学のあるガイゼンハイムのまちから北へ。まもなくゆくてにはタウヌスのひくい山脈《やまなみ》の一部がみえはじめる。標高五〇〇メートルほどのその連山の山裾にヨハニスベルクの岡がある。ゆうめいなシュロス・ヨハニスベルクとおなじその岡の斜面に、コッホスベ

モーゼル河中流ツェル（Zell）の大屈曲点（ドラマチックベント）。モーゼル河はこのような屈曲点が数おおく存在するため、無数のちいさな南向き斜面に恵まれることになる。

ルクやカーレンベルクの畑があった。しかし、六九年法の畑の統合によって、これら珠玉のような畑も消えてしまった。“絞った日光”のように輝かしいワインの穫れた畑よ！

よだんになるが、おなじころ、おなじ作家レマルクの筆になる『凱旋門』で、ノルマンディーの林檎のブランディー、カルバドスをしった。悲惨な、出口のない戦争小説であったが、しかし全編にカルバドスの香り漂う、粋な恋愛小説でもあった。

「これは、飲むんではなくて……ただ息みたいに吸い込むものだわ」

「君はロマンティストになれるよ。カルバドス的ロマンティストにね」

「暑い夏と青い秋の間、ノルマンディの風の吹き渡る古い果樹園の林檎に、ずっとふりそそいでいた日光よ、さあ、いっしょに行こう。僕たちにはおまえが必要だ……！」

ただの戦争文学の作家ではなかった。コニザー（ワケ知りびと）だった。この道でもなかなかにお見通しのひとだった。

そのころ、わが国では本場の良質のカルバドスの入手はむつかしかった。わずかに日果（ニッカの前身）が北海道余市の林檎で

超急傾斜でゆうめいなブレーマー・カールモントのブドウ畑。別名“押し入り泥棒畑”とよばれ、その角度はなんと最大76度という。

造っていたブランディーによって、ドーバー海峡から吹き寄せる北国の夏の風を想った。ちょうどやまのぼりにふかいりしはじめたころでもあり、ウイスキーのかわりに、このカルバドス的ロマンチシズムを山に携えていったものだった。

ラインラントで〝天の雫〟とよび倣わす、これら天然純粋《ナトゥアライン》のワインの神髄が、酸味と甘味のスリリングなバランスにあることは、いぜんおはなししたとおりだ。

北国のひくい太陽の恵みをあまさずとり込むために、ドイツの葡萄農民は〝鋤のはいる畑によい葡萄は育たない〟といわれ〝耕して天に至る〟ともいわれる斜面に鍬をいれる。

こころみにモーゼル河を船で旅してみたまえ。その農民たちの祈りがひしひしと肌身にかんじられよう。

モーゼル河を遡行する遊覧船が、ドラマチックベント（蛇行部の大屈曲点）のひとつ、クレーフ（ゆうめいなグロスラーゲ、クレーファー・ナクトアルシュ〝クレーフ村の裸のお尻畑〟がある）の大屈曲点をすぎて、エルデンの集落を左手に見送るころ、その右手遥か上部に巨大な赫い岩をみる。ロッククライミングでもできそうな、その南向きの大岩（岩壁！）の左右および下手の緑が、なんとすべて葡萄樹であるとわかったときの驚き！これが名高いエルデナー・プレラート（エルデン村の高僧畑）だ。その垂直ともみえる懸崖の畑作業にはザイルを下し、確保をとってすすめるという。これまさに天に至る‼（おなじモーゼルのこれまたゆうめいなブレマー・カルモントの畑、別名〝押し入り泥棒畑〟の傾斜角度はなんと最大七六度といわれる）。

ドクトル・ローゼンの醸すその高僧畑のワインはこれぞまさしく天の雫。じじつ、ほかのおおくの銘醸モーゼルが〝カビネット〟にそのもちあじを見いだすところ、この畑は〝アウスレーゼ〟の甘露をこそよしとした。

ちなみにこのエルデン村にはE・トレプヒェン（小階段畑）という、花のように香り豊かな、可憐でしかし一本筋のとおった正宗があった。名が示すようにやはりその畑は急だ。

モーゼル地域のワイン地帯を四つに分けると、下流域のウンター・モーゼル、中流域のミッテル・モーゼル、上流域のオーベル・モーゼル、それにこの上流域に流れこむ支流のザール・ルーヴァー地域となる。このうち重要なのは中部モーゼルとザール・ルーヴァーの一部だ。その中《なか》モーゼルの銘醸地はじじつ上このエルデン村からはじまる。

下流からモーゼル河を船で遡るワイン巡礼の旅人は、隣りあわせに連綿として右岸左岸と展開する憧れの畑の数数に、ただただ圧倒されるばかりだ。このように〝真珠を綴りあわせた首飾り〟のようなワイン地帯は、ラインラント広しといえどもここだけであろう。

最終章　承前・ラインラント・ヴァインラント・Ⅱ

さて、真珠の首飾りの一粒ひとつぶの、憶いだすままにその名を記せば、エルデン村のつぎはユルツィッヒ村。銘醸ワインの名はユルツィガー・ヴュルツガルテン（スパイスの庭畑）。つぎはツェルティンゲン村のツェルティンガー・シュロスベルク（城山畑）。おつぎはヴェーレン村、ヴェーレナー・ゾンネンウーア（日時計畑）。それからグラーハ村、グラーヒャー・ヒンメルライヒ（天国畑）。ベルンカステル村、ベルンカステラー・ドクトール（お医者畑。これが名高きドクターワイン！）。ブラウネベルク村、ブラウネベルガー・ユファー（乙女畑）。ヴィントリッヒ村、ヴィントリッヒャー・オーリヒスベルク（谷あいの岡畑）などなど止めどない。そしてとどめはこれも名高きピースポルト村はピースポルター・ゴルトトレップヒェン（金の雫畑）と途切れなくつづく。まったくもって、よくもやったりである。そしておのおのの畑のしたには、たいていは河に面して、これもまたよくその名をしられた醸造家たちの瀟洒な館がある。煩瑣をしょうちでいくつかの名を挙げれば、前記ローゼン博士家、プリュム本家、ベルグヴァイラー・プリュム家、ターニッシュ博士家、リヒト・ベルグヴァイラー家、ラインホルト・ハールト家など多士済済。

　ここでミッテル・モーゼルのネックレスからは離れるが、ぜったいに忘れてならないのがモーゼル河支流のザールはヴィルティンゲン村のエゴン・ミューラー家。世界白ワインの女王と貴ばれる〝シャルツホフベルガー〟を醸す。それは気品溢れる香りに満ち、果実味ゆたかな、ザール特有の酸と複雑さを秘めて、モーゼル上流に孤高をたもつ高雅なワインだ。格式たかいこの蔵は、葡萄の出来のわるい年には、己が名誉のためにその名を秘して、収穫をゼクト屋（発泡ワイン屋）などに売り払うと聞く。例外的に村名の省略を許された数すくない蔵でもある（ゆえにほんらいならばヴィルティンガー・シャルツホフベルクと名乗るべきであろう）。おなじく村名省略を許されたラインガウの〝シュタインベルガー〟〝シュロス・ヨハニスベルガー〟とともにドイツ三大ワインとよびたい。

　そしてモーゼル支流のもう一本となるルーヴァーには、銘醸アイテルスバッハー・カルトホイザーホフベルガー・クローネンベルク（もしくはブルクベルク）を造るヴェルナー・ティレル家がある。カチッと硬質な酸味の、そしてルーヴァーにしかみられない独特な味のふかみをもったドライなワインだ。このワインはよくしられているように、そのドイツ一ながい名前をドイツいちちいさなエチケット（ワインラベル）に記した瓶にはいっていることでもゆうめいである。

　さて、独逸《ドイツ》ワインの旅とでもいうかきだしではじまったはなしも、ラインガウとモーゼルのじゃっかんにふれただけで、纏まらぬままに相当の紙数を費やしてしまった。この二地域いがいの旧西ドイツ十一の地域を繞る旅のはなしも、いつかかく機会はあるのだろうか……（旧東ドイツに属する二地域も、ざんねんなことにいまだ経験できずに刻はすぎた）。

そして記しておかねばならぬ、いくつかの真に偉大なワインについても、ついに触れることがなかった。あの忘れられない一九五三年、五九年のSteinberger ＴＢＡ（シュタインベルガー・トロッケンベーレンアウスレーゼ）や一九六四年Schloss Johannisberger gruenlack（シュロス・ヨハニスベルガー・グリュンラック）やSchloss Reinhartshausen（シュロス・ラインハルツハウゼン）の一九六四年Erbacher Bruehl spaetlese（エルバッヒャー・ブリュール・シュペートレーゼ）についてすらも‼

さいごにもういちど、あらためて云いたい。ドイツ葡萄農民の誇りは、いまはmit. Praedikat（ミット・プレジカート。Ｑｍｐ）という狭いワクに押し込められてしまった、補糖をひつようとしない天然純粋《ナトゥアライン》のワインを造ることにある。そして、世界のワイン生産国をみわたせば、辛口中心の国がそのたいはんを占めるのは云わずもがな、辛口ワインはどこでも飲める。ここで、わが独逸ワインの真骨頂、ゆたかで複雑な旨い果実酸と天然純粋の甘味とが織りなす絶妙なハーモニーをこそ、もっともっとあぢわって欲しい、追求してほしいとせつに希う。

ふたたび云いたい。これはたんにことばだけのもんだい、ナトゥアラインということばをただ懐かしんでばかりいるのでは断じてない。独逸ワインのこの神髄を、その真のレーゾンデートルを語り継いでいってほしいのだ。

くりかえして云いたい。このドイツ葡萄農民の誇りを、造る側の醸造家も飲む側の我われもわすれてはならない。『かつてドイツ葡萄農民の誇りは……』と云わせてはならない。

「モンストランツ（聖体顕示台）？」

「さようでございます。コクがあって、まるで黄金のようで、四方八方に光り輝くからでございます」

E・M・レマルク『愛する時と死する時』より

【参考資料】

「食養原理入門」

ここで云う〝食養〟とは、明治時代初期の軍医である食医・石塚左玄提唱、その左玄の薫陶をうけた桜沢如一中興による、わが国独自の食生活原理です。それはそのご、桜沢の弟子である久司道夫氏により戦后米国でおおきな発展をとげ、わが国内においても森下敬一、日野厚、沼田勇、小倉重成、大森英桜の各氏らおおくの先達によっておおいなる浸透をみたものであります。

その生活原理の実践法を筆者は〝五つの基本原則と三つの補則〟というかたちで纏めてみました。それは1)ケの日ハレの日の原則、2)陰陽相補性の原則、3)穀菜食中心の原則、4)身土不二の原則、5)一物全体の原則。また補則として補1)火食の原則、補2)よく噛むことの原則、補3)必要エネルギー確保の原則、というものです。

しかしその詳細についてはこの本でふれるわけにもいかず（これだけでゆうに一冊の本になってしまいます）、その知識を得たくば類書を繙いてくださるか、別機会を俟つほかありません。

そこでここではこれら八つの原則のうちで、この本の内容である飲料（酒、茶、水）の理解にとくにひつようとかんがえる2)陰陽相補性の原則、4)身土不二の原則のじゃっかんにふれることでお恕《ゆる》しいただきます。なお、これについては資料編の「水のはなし」のなかの〝水と健康〟においても触れていますので併せてごらんください。

はじめに化学者でもあった石塚左玄の食養についてかいてみましょう。

かれはその代表的著作である『化学的食養長寿論』において、有機生命を構成する各種の元素のなかから、とくにカリウム（カリウム化合物）とナトリウム（ナトリウム化合物）に着目し、それを〝夫婦アルカリ塩〟と名づけました。なぜならK（カリウム）とNa（ナトリウム）は化学的にはおなじアルカリ性で、しかもおなじく＋《プラス》のイオンを持つものでありながら、その性質はみごとに正反対の作用を生命体にもたらすからです。しかもそれらは相補的に働きあうのです。あたかもふたりお互いにあい補いあう人間の夫婦のように。

そのKは植物のもつ性質をうけもつ代表的な元素であり、植物性食物のアク（正確には陰性のアク）の主体をなすモノです。そしてその作用は物を緩めたり、広げたり、膨らませたり、身体を冷やしたりする力をもっています。

それに対しNaは動物の肉体を構成するこれも代表的な元素のひとつです。

またよくごぞんじのように、Naは塩（陽性）の主体をなすモノですから、これはKとははんたいに物を固めたり、締めたり、身体を温めたりする力をつよくもっています。左玄はこのKとNaの拮抗性に注目したわけです。

たとえば植物性の蛋白質食品（大豆など）は、Kの成分をおおくもっていますから、多食すると身体を冷やしたり（冷効果）、緩めたりする作用がつよく働きますし、はんたいに肉類のような動物性蛋白質食品は身体を温める力（温効果）や、締めたりする力のつよいものです（しかし分析にかからない、このような生体への作用のちがいを、西洋医学や科学では取りあげません）。ですから熱帯（陽の気候帯）で主食になるモノは、身体を冷やす野菜や果物（K・陰性）になるコトはよくお判りでしょう。

バナナやサトウキビやタロイモのような、これら暑熱の環境に青青と葉を繁茂させる植物は、己が体内に強烈な冷却材カリウムを豊富にもっております。反対に北ヨーロッパなどのような寒帯（陰の気候帯）で身体を温める肉食（Na・陽性）が主体（極端な例はエスキモー）になるのもうなずけますね。この相補的な現象が食物の秩序、身土不二ということなのです。

そしてこれら結びと変化の原理、拮抗性（対抗性）をもちながら、なおかつ相補的にはたらきあう二力（本書の〝はじめに〟に掲げました〝東洋的なふたつの力〟）に〝陰〟と〝陽〟の名を付け、ひとつ食物摂取の原理のみならず、宇宙万物の生成と消滅の原理となし、〝森羅万象、万物は陰陽より成る〟と謳いあげたのが、左玄の後継者といってもよい桜沢如一だったのです。

かれはその独自ともいえるかんがえかたにもとづき、それを科学、医学、社会現象などなどに弘く敷衍《ふえん》することを志し膨大な量の書物を出版しました。

そして、己が原理を〝ＰＵ〟（プリンシプル・ユニック）あるいは〝無双原理〟と名づけたのです。（蛇足になりますが陰と陽というのはあくまで表現法のひとつであって、それをマイナスとプラス、カリウムとナトリウム、女と男、あるいはナスとゴボウと云ってもかまわぬわけですが、しかし、なんだかヘンですよね⁉）

さて、〝陰陽相補性の原則〟についてかいてみましょう。

〝森羅万象、万物は陰陽より成る〟という世界観（宇宙観）からみれば、電子と陽子、陰極－と陽極＋、惑星と太陽、紫外線と赤外線、短波と長波、酸とアルカリ、夜と昼、冬と夏、空間と時間、拡散と凝縮、上昇と下降、吐く息と吸う息（呼吸）、精神と肉体、クロロフィルとヘモグロビン（植物と動物）、交感神経と副交感神経、気体と固体、女と男などなど、そしてその拮抗するモノを司る遠心力と求心力（云うまでもなく前者が陰性、後者が陽性）……この世はすべて陰陽ならざるは勿《なし》なのであります。陰陽と云って判りにくければ、さきにも述べましたように、たとえば食物を例にとってみれば、身体を冷やすモノ（冷効果）、細胞を緩めるモノ、伸ばすモノ（これを陰性、あるいは遠心性の意志という）、反対に身体を温めるモノ（温効果）、細胞を締めるモノ、縮めるモノ（これを陽性、あるいは求心性の意志という）と相反し、しかもお互いに相補いあう性をもつものに二分されるということです。

したがって世に云う〝百害あって一利なし〟なる俚言ほど論理矛盾ははなはだしきモノはありません。この世界に表あって裏なきもの（むろんその反対もしかり）などありえようハズもなく、また表大なれば裏また大なりなのですから……。

それでは〝身土不二《しんどふじ》〟とはなんでしょう。

これこそが、いま述べました陰陽相補性の証明そのものにほかなりません。

〝処かわれば品かわる〟、〝郷に入らば郷に従え〟という諺は身土不二そのものを表現しています。身体と土地はふたつならず。自分の暮らしている土地の産物を、しかも旬の時期に食するのがヨロシイ。江戸時代には四里四方のモノを食せば安泰と云い慣らされてきました。季節のハズレやハシリ

（初物）、あるいは異国の食物を摂ることの戒めが〝身土不二〟という食の秩序なのです。瑞穂の国（穀物の土地）とは麗しのわが祖国日本の美称ではなかったのでしょうか……。

しかもここで云う〝旬〟ということばほど意味ふかいものはありません。

倖いなことに温帯日本には明確な四季があります。なればこそ春の恵みは葉菜・山菜。これらはそのアク気で運動不足の冬のあいだに蓄積した毒素を溶かし、洗い流してくれます。ぐたいてきには陰性のアク（カリウム塩、アルカロイドなど）で陽性の毒素（汚血）を、また陽性のアク（苦味、渋味）で陰性の毒素（食品添加物、薬物、あるいは精白食品由来の毒素）をそれぞれ処理するのではないでしょうか（これらは本文の変化、不変化の原理を参照ください）。

夏という陽性な季節にはナス科、ウリ科の植物、ナスやトマト、キュウリやウリ、あるいはスイカなどの果菜、果物が夏のほてった身体を効果的に冷やしてくれます。

そして秋の恵みは穀類に豆類。これらは寒さの冬にむかう身体をつくってくれるとても貴重な産物なのです。しかも長期の保存性をもつこともウレシイことです。

季節は繞り、寒さきびしい陰性な冬の時期に出まわる根菜類、ゴボウ、ニンジン、レンコン、ダイコンなどが効果的に身体を温めてくれるコトは、どなたも経験なさっているのではないでしょうか。お正月の〝お煮しめ〟に登場する、それこそよく煮締めたゴボウやニンジンなどに古人の智慧をかんじます。またむかしから〝春苦味、夏酸味秋は鹹味《シオカラ》、冬油《ユ》味これでカラダ安泰〟と云われております。なんともみごとなものではありませんか。これをしも〝神の配剤〟と云わずして、なにを秩序というのでしょう。

【参考資料】

水のはなし　その１・『原始の水』のもつ力

「川の下には川がある。渓の下には渓がある」といわれています。山に降った雨や雪、その雪の積もった雪渓から滴った清冽な雪融け水が山の傾斜を流れくだります。

もともと超軟水にちかい蒸留水のような雨水は、地表の渓や川も地下の川や渓も、山を流れくだるあいだに、たくさんのミネラル分（鉱物性の栄養素。無機質）を取り込んでいきます。

森をゆったりと流れる川も森の養分である有機物やミネラルをその流れに溶け込ませていくのです。

また、山地や平地をとわず、地下水・伏流水といった水の流れもあります。その地下の水の流れが永いながい時間のゆく末に地上にそのすがたを現わしたものが湧き水、いわゆる泉なのです。世に云う「……の銘水」の存在する所以というものです。

しかし、こういった「流れる水」にはひとに知られないもうひとつの貌があるのです。それが「原始の水」（山の水、湧き水）のもつ「エネルギー効果」なのです。

地上の水も、ことに地下を流れる水はその己が流れの過程で、地殻との静電摩擦に依り「電子エネルギー」を蓄積させてゆきます。

この電子エネルギー（微弱な電気）はすべての生物を生かす源といってよいでしょう。ひともまた生物由来の（食物としての有機物のもつ）エネルギーのみならず、水など無機物のもつ電子エネルギーの恩恵によって生かされているのです。

むかしのひとも「電子」などという名や、むろんその実態など知るべくもなかったにもかかわらず、この「エネルギー」のもつ偉大な効果をよく判っていたようです。

古来、その未知のエネルギーをわが国では「霊《たま》」、おとなり中国では「気」と呼び慣らしてきました。

そして「風水」の例をみるまでもなく、古人はそのエネルギー蓄電のたかい場処を直感的に心得ており、その場を聖地として崇めたり、可能であるならそこを棲み家としたのです。そんな「気」の電位の極めてたかい場処のひとつに、わが国の有名な「長谷村」（長野県伊那谷、赤石山脈の山麓）があります。

この「電子エネルギー」（それを中国流に「気」とよぶならば）については、ふるい歴史をもつ中国の気功（気をコントロールする法）に於いても、さいきんの研究によって、その「気」の発生メカニズムがすこしずつではありますが解明されてきたのです。

それはいわゆる「ゼロ磁場」というものの存在であります。しかし「ゼロ」（無・無限）とはいっても、それはことばどうりの「なにも無い」ということではなく、はんたいに＋（プラス・陽）と－（マイナス・陰）とが相補的に対抗し拮抗しあって、みかけ上現在の科学的測定装置には数値的には「ゼロ」としてしか現れないということのようです。じっさいには「無」（ゼロ・無限）とは「なにも無い」どころか、そこは陰と陽の気が充満した「場」にほかならないというワケなのです。前記した長谷村などはそんな「気」の充満した、科学的にいえば（証明されたわけではありませんが）「エネルギー電位」の極めてたかい処なのでありましょう。

しかし、そんなすべての生きものを生かしつづけるエネルギーにとっても、現代は受難の時代となって久しいものがあります。

農作物は各種化学肥料や農薬、また遺伝子操作に因る極端な地力の低下や生命力の低下に曝されています。

また動物性食物である家畜類はまた、各種人工飼料（恐るべき例の「骨肉粉」も含め）や飼育管理の劣悪化がその生命力（電子エネルギー）の低下に拍車をかけます。

そのほか食品添加物の問題や高度の精製による食品の高純度化・純粋物質化の進行などなど、いや広くみわたせば我らが地球ぜんたいに及ぶ極度の汚染や環境変化など、電子エネルギーの欠乏、低下にたいする深刻なモンダイは絶えません。

水のはなし　その2・水と健康

世間には所謂「水飲み健康法」とよばれるもの、またそのはんたいに「水を控える健康法」（水毒重視）もあります。

「人体を動かすふたつの力」、これは西洋医学的（科学）にみれば、「交感神経」と「副交感神経」という拮抗関係にあるふたつの神経（これをひとつにして「自律神経」といいます）に帰するものとみることもでき、また東洋医学的（哲学）には「陰」と「陽」という、相対抗し（拮抗的）どうじに相補いあう（相補的）ふたつの力のあらわれとみることもできるのですが、この「ふたつの力」をつかって、さきの正反対のふたつの健康法の是非得失をかんがえてみるのもおもしろいモノです。

またさいきんは、ことにマスコミなどで、「水分はこまめに補給してください」など、水分を摂ることを奨励する傾向にありますが、これなどもこの「ふたつの力」という視点で眺めてみると、ふかくかんがえさせられるモノがありますね。

さて、ひとの身体にはその体重のおよそ七五％の水分があると云われています。その内訳は総液七五％のうち細胞内液（原形質などの組織結合水）五五％、細胞外液（自由水）二〇％となり、このうち細胞外液はまたふたつに分かれます。すなはち組織液（細胞間液、リンパ液、消化液など）一三・五％、血液六・五％となるようです。しかしこの割合の組成でいくと、体内に八リットル前後ある消化液や、おなじく五リットルはあるといわれる血液と整合性がとれなくなり、どうも森下博士の述べておられるように、人体の体重の八〇％以上は水分であると見做さないと計算にあわないようです。

それはさておき、太古のむかし海を抱きこんで陸に上がった生命の末裔である人類は、その望郷の念黙《もだ》し難く、海の占める四分の三いじょうという地表面積の比率で、げんざいも己が体内に水分を保持しておるのです。蛇足となりますが、ひとの血液濃度がげんざいの海水の三分の一いかと薄いのは、その后人類へとつながる動物が、太古の海水がそのように薄かった時代に海から陸へ上がったコトを示唆するかのようです。ちなみに植物の体液が動物のそれよりもうんと薄いのも、かれらの上陸の時期の早さに帰せられましょう。云うまでもなく、その薄かった太古の海も、なん億、なん十億年という時の流れのあいだに、陸から海への塩類の絶え間ない流入と海水の蒸発によって、げんざいみるような塩分濃度に達したワケなのでありましょう。

それではこんな予備知識をもって、「水飲み健康法の是非」をかんがえてみることにいたします。

まず「水は飲むべし」派の意見を聴いてみましょう。むろん人体の四分の三は水分なのですから、水分を摂ることはとうぜんのことで、このばあいの飲むべしは「おおいに飲むべし」の謂でしょう。この派の人びとの云い分は、飲水によって体内の老廃物を流し、便通をよくし、消化吸収や血流をよくすることにあります。

いっぽう「水は控えるべし」を主張するひとは、腎臓などの排泄器や心臓などの循環器に負担のかかることを危惧し、体液、なかでも血液の塩分濃度や消化液の濃度の薄まるコトを心配するのです。

ところで、「ホメオステーシス」ということばをごぞんじでしょうか？　ウォルター・キャノンの提唱したこの「身体恒常性維持」の概念に依れば、身体の構成にひつような様ざまな要素の過不足による振れ、不安定は身体のもつ恒常性の維持機構のはたらきで自動調整され、つねに定常的、安定的な平衡状態に保たれる、というものです。ちなみにこの「ホメオステーシス」のことを東洋では古来「自然治癒力」と呼び慣らしてきました。

キャノンのゆうめいな『からだの知恵』という本のなかには、つぎのような恒常性の例が記されています。

◎血液の水分量
◎血液の塩分濃度
◎血液中の糖量、蛋白質量、脂質量、カルシウム量
◎酸素と炭酸ガス量
◎血液の量
◎体液の量
◎pH値
◎体温……などなど

この本に依れば、大量の飲水も血液中の塩分濃度や水分量に変化、影響を与えることなく、つねに安定な状態は維持されているそうです。またこの過剰とははんたいの水分不足状態に於いても、恒常性は維持されつづけると記されています。

ですから、これからみるとこの両者の云い分も、消化液の濃淡や内臓への負担はかんがえられることですが、血中塩分濃度や血流にどれほどの影響を与えるかは疑問ですね。また人体は洗濯物ではないのですから、大量の飲水で洗われる（老廃物を洗い流す）と短絡的にかんがえてよいものでしょう

か⁉　過ぎたるは及ばざるがごとし。こころしたいものです。

余談になりますが、東洋では古来、西洋の「白か黒か」の排中律とははんたいに、いっぽうに偏ることを嫌って、つねに灰色（墨色）のグラデーションを愛してきました。これが「中庸」を好むこころです。

生命もまた、つねに過不足を避けて中庸を択ぶようです。しかしこれは厳密に云えば、過剰よりは少少不足気味がよろしいようです。必要量が満たされれば食物の摂取をやめるという、人間いがいの生きものの行動をみればこのコトがよく解ります。かれらに「別腹」はないのです。

永い生命の歴史のなかで食物の過剰は稀なことでした。飢餓環境こそ常態だったことでしょう。ですから人体に於いても、飢餓の警告機構はあっても飽食・過剰の警告装置はもっておりません。古代ローマの「ボミトリウム」（食物吐きだし部屋）をみれば、このような消息に間然するところはありません。脱線が過ぎました。

ではこれから、「食養」（東洋的な「ふたつの力」の世界）の観点から「水はおおいに飲むべきか、はたまた飲まざるべきか」に逼《せま》ってみましょう。

まず、ひとは（ひろく生命は）「食物をたべながら同時に食物にたべられている」（相補的）という、逆説的《パラドキシカル》にもみえるこの食養の基本理念のひとつから云っても、このさい考慮すべき要素《ファクター》はいかの各点となりましょう。

それは「年齢」「性別」「体質・体調」「職業」「習慣」（嗜好）「風土」（気候風土・文化風土）「季節」「時間」「水質」そしてたいせつな「食物」などがこれにあたります。このうち「風土」は食養的には

「身土不二」ともうしてもさしつかえないでしょう。

ここでは食養的判断の基準となる原理原則を詳述する紙幅の余裕はありませんが、概略「ふたつの力」のうちいっぽうは物を冷やし（冷効果）、緩め、拡げ、膨らます力（陰性のちから）であり、もういっぽうは温め（温効果）、締め、集め、縮める力（陽性のちから）として現われ、そしてこの二力は「異性は引き合い同性は反発する」（電気的な陰極（－）と陽極（＋）のように）という性質をもつことをご記憶くだされればよろしいでしょう。

上記したファクターの第一である「年齢」は、赤子から老年にむかって陽から陰へと変化します。赤色から紫色への虹の七色をおもいおこしてください。「老人の冷や水」というコトバもありますね。「性別」については基本的には女性が陰で、男性が陽。骨格や筋肉、体液の量（瑞瑞しい女性、水水しい⁉）などの肉体的特徴や両者の気質のちがいをみてください。とはもうせ、さいきんは「男まさりのオンナ」や「女女しいオトコ」が跋扈する世の中です。

つぎは「体調・体質」。体調の習慣化したモノをとりあえず体質とすれば、たとえば寒がったり暑がったりするのは体調のうちですが、それが習慣化して「冷え症」ともなれば、これはもう典型的な「陰性体質」となります。漢方ではこの体質をまず「陰虚症《いんきょしょう》」と「陽実症《ようじつしょう》」のふたつに分けます。そして食養ではそのおのおのをまたふたつに分けて、①硬陽《かたよう》（緊った筋肉質の陽）②軟陽《やわよう》（太った血の気のおおい陽）③軟陰《やわいん》（太った水気のおおい陰）④ガリ陰（痩せた細陰）の四タイプとするのです。ちなみにとおく古代ギリシャには医聖ヒポクラテスの唱えた有名な「四体液説」がありました。これと食養のそれを符合させるのも興味ぶかいモノです。

つぎは「職業」です。様ざまな職業がありますが、ここでは簡単に「肉体労働型」（肉体・活動の陽。発汗おおし。その活動のため陽を消費することで陽が必要であるいっぽう、異性は引き合って、はんたいの陰をもまた求める）と「頭脳労働型」（精神・静謐の陰。非活動的なため陽の消費すくなく陽は不要におもわれるが、しかし肉体的にはここでも異性の陽に惹かれることになる）のふたつに分けましょう。その要求は前記のとおりです。

「習慣」（嗜好）はどうでしょう。これはのちに述べる「文化風土」（土地柄）とも関係しますが、たとえば日常茶飯の「湯茶の量」、また「入浴の仕方」や「食塩の摂取量」「咀嚼《そしゃく》の回数」（おおいほどモノを陽性化する）などをかんがえてみてください。いや嗜好の問題とかんがえるなら、それは摂取食物の陰陽への好みであり、風土をかんがえるなら、それは身土不二の問題といえるでしょう。そもそも「個人の嗜好」を生み育てるものはなんでしょうか？

さて、いじょう個人的なコトガラから、総体的な要素である「風土」にうつります。風土にはふつう謂われる「気候風土」とそれの影響のおおきい「文化風土」（所謂土地柄）があります。このうち気候風土とは概略して「極地・寒帯（陰性気候）から熱帯・亜熱帯（陽性気候）まで」ということです。湿潤地帯（陰）か乾燥地帯（陽）かも考慮のうちです。高地か低地か、内陸か海辺かという地理的差異もここに含めましょう。これはそこに棲むひとにとっての環境のもんだいです。そしてこの環境とは、云うまでもなく相補的な食物摂取を要請する身土不二のモンダイなのです。

環境といえば「季節」があります。春夏秋冬、四季それぞれの時期には異なった性質の作物や産物が穫れるものです。これを「旬」と云います。またそれを摂る側のひとの体調も季節によって変化します。

この季節のタイムスパンを短くしたものに一日の「時間」があります。昼か夜か、また朝か夕かというワケです。むかしのひとは「クダモノをたべるなら朝は金、昼は銀、夜は銅」などと云ったものです。

「水質」をみてみましょう。これには世間を騒がせて久しい中性洗剤（合成洗剤）のもんだいなど憂うべきはなしもありますが、ここでは「ふたつの力」をかんがえるために「硬水・軟水」をとりあげましょう。

ごぞんじのように水の硬軟はＭｇ（マグネシウム）やＣａ（カルシウム）の溶存量で決まります。硬水では石鹸（アルカリ性）が溶けにくいコト、豆腐（Ｋ・カリウムがおおい）が「ニガリ」（ＭｇＣｌ・塩化マグネシウム）で固まるコト、ヨーロッパ（硬水地帯）では紅茶よりも緑茶がマズくなるワケなどを食養でかんがえてみるのもおもしろいものです。かの古代ギリシャの医聖ヒポクラテスも硬水が催熱性をもち、便通排尿を抑制すること、そして陰性体質のひとの飲用にむくこと（軟水はこの逆）を述べています。興味ぶかいことですね。

そしてさいごに、もっともたいせつな「食物」のことです。別項で述べた宇宙線や大気なども広義の食物といえましょうが、ここでは口から摂りいれるふつうの意味での食物をとりあげましょう。詳しくは食養に就いてしっかり勉強するひつようがありますが、ごく簡単に云えば、とうぜん食物には身体をひやしたり（冷効果）、ゆるめたり、ふくらましたりするモノと、はんたいにあたためたり（温効果）、しめたり、ちぢめたりする力のつよいモノのふたつがあることはお判りいただけますね。陰性の食物と陽性の食物です。夏の作物は前者の力がつよく、冬の作物には後者の性質がつよくなります。これを「陰陽相補性の原則」といいます。

　では「水」はどちらにはいるのでしょうか？　食養ではモノを湿らし、冷やし、膨張させたり緩めたりする性質のつよい水分は前者陰性に分類しています。したがって熱や乾燥はそのはんたいの陽性ということになりますね。

　この水の性質をもとに前記した十個ほどの要素《ファクター》のいくつかを解いてみましょう。ここまで判ればわりあい簡単に解けるでしょう。

「水はおおいに飲むべし」とは、いうまでもなく陽性体質のひとにはよろしいが、はんたいの陰性体質者には不可と云えます。その陰性体質のひとも飲用が過剰にならなければ春夏は可（秋冬は不可）、朝（午前中）は可（午后ことに夜は不可）となりましょう。なんといっても「果物は朝は金」なのですから。

　如何でしたか？このような判断基準（パラダイム）で「水飲み健康法の是非得失」を解いてみることに興味をおもちになられたかたは、どうかこの食養の判断方法をもって、解かずにおいたのこりのファクターを是非かんがえてみてください。日本人にとってホネガラミとなったかにみえる、従来の科学的判断からのパラダイム・シフトを経験なさることでしょう。

あとがき

これらの文章は日本CI協会※発行の食養雑誌『マクロビオティック』誌の二〇〇三年四月号（No.七八七）から二〇〇七年十一月号（No.八四二）に、隔月で四年間連載したものです。そこからじゃっかんの語句の訂正ならびに仮名、漢字の変更を施しました。それいがいは原文のママに置いてあります

筆者はこの〝あとがき〟をかくにあたり、いま、しみじみとした感懐に打たれています。それは、この本をかこうとおもいたつに至った食養諸先達の世界観にであえたということ、食の問題だけではなしに、スベテのモノをみるめ、洞察力、判断力の礎をあたえられたこと、かえるフルサトをもてたことが、なににもましてどんなにアリガタイことであったか！　というものです。

さいごになりましたが、ここまで永いことおつきあいくださった読者の皆さんには、こころよりかんしゃいたしたくおもいます。とどうじに、このようなワガママな本の出版に踏みきられた書肆雄山閣ならびに関係各位にも衷心より御礼もうしあげるしだいです。

平成二十五年　七月

遠地庵草舎にて　古山勝康識

※　日本CI協会ホームページ＝http://www.ci-kyokai.jp/

著者プロフィール
古山勝康（ふるやま　かつやす）
1948年千葉県生まれ。千葉県立千葉高等学校卒。
1987年11月より1989年3月まで、文部省第二十九次南極地域観測隊あすか基地越冬隊員（設営・調理担当）として勤務。
元日本ソムリエスクール校長。食養（食物と飲料の秩序）研究者。
リマ・クッキングスクール師範科特別講師
千葉県千葉市中央区在住。

2013年7月31日　初版発行　《検印省略》

醇《じゅん》な酒《さけ》のたのしみ

著　者　古山勝康
発行者　宮田哲男
発行所　株式会社 雄山閣
〒102-0071　東京都千代田区富士見2-6-9
TEL　03-3262-3231 / FAX　03-3262-6938
URL　http://www.yuzankaku.co.jp
e-mail　info@yuzankaku.co.jp
振　替：00130-5-1685
印刷所　株式会社ティーケー出版印刷
製本所　協栄製本株式会社

ISBN978-4-639-02277-0 C0095
192p　19cm